教孩子比IQ更重要的事

兒童發展專家的21堂大腦潛能課

王宏哲 著

PART 1 EQ

正向快樂的情緒智能，培養優秀人格的開始！
——教出自律、合群、好學、有禮的好孩子

PART 2 AQ

冒險進取的逆境智能，培養有勇氣的孩子！

——教出自信、堅強、耐挫、負責的好孩子

PART 3 CQ

持續進步的創意智能，培養有競爭力的孩子！

——教出專心、創造、協調、思考的好孩子

推薦序

這是一本育兒使用說明書

小兒科醫生 黃瑽寧

一位媽媽在門診焦慮地和我討論了許多育兒的困難之後，突然有感而發地說：「每次買了新的電器，盒子裡除了機器本身之外，一定還會附帶一本說明書，教你如何正確地使用它。但是孩子出生之後，卻沒有任何使用說明，一切都要靠家長一步步地摸索，有時候眞的感覺很挫折！」

我覺得這個說法還挺有趣的，而且很像這個工業化，以及e世代的家長能夠聽得懂的比喻。教養教養，不就是養和教：「養」讓孩子營養地吃，好好地睡，健健康康地長大，不要生病；「教」給孩子正確的知識、人生觀，以及情緒的管理等。隨著時代不斷改變，教與養的方法也一直在更新；上一世代的教養方式，今天可能很多都已經不適用（除了「愛」是永恆不變的道理），身爲新世代的父母，亟需要一本「育兒使用說明書」，減輕家長的負擔與焦慮。

幾年前，我在電視節目上認識了宏哲，兩人都有同樣的熱情和使命感，要向新世代的家長們一起分享教養的觀念與新知，一聊之下，頗有惺惺相惜、相見恨晚的感覺。我的第一本書就是有關「養」的部分，而宏哲的上一本暢銷書《孩子的教養，你做對了嗎？》，則是著重在「教」。

教養何其多元，一本書哪夠？所以我寫了第二本和第三本書；同樣滿腔熱血的宏哲，也很快地完成他的教養第二部曲：《教孩子比IQ更重要的事》。

這本書規劃得非常特別，從EQ、AQ和CQ三種智能著手，來幫助爸爸媽媽從不同的面向幫助孩子的發展，值得注意的是，這當中並沒有IQ這一項目。看了這本書，家長就會了解爲什麼情緒智能（EQ）、逆境智能（AQ）和創意智能（CQ），遠比傳統的IQ還更重要。而且具備這三項智能，不僅僅讓孩子擁有三樣最重要的社會求生法寶，同時也潤滑了親子的感情，以及家庭的和諧。

台灣內政部爲了促進生育，徵選出了「孩子是我們最好的傳家寶」口號，所謂傳家寶，應該是給父母增添幸福與快樂感。但是就我所認識的父母，常常感受到的是窒息感、無助感、憤怒感，這不是傳家寶應該具備的特質吧！但究竟是哪個環節出了問題呢？

我想很大的原因，是過去這個世代的社會變遷太過劇烈，加上媒體的多元化、資訊的爆炸，讓爸媽接受到太多直接或間接來自專家的恐嚇言語，以及過度解讀自己的人生體驗等。不過我反而要提醒家長，也許過去的教養方式不完全適用於現代，但親子畢竟還是以愛為彼此的連結，返樸歸真的教養精神，也許才是養兒育女成功與否的關鍵。

所以，當本書用科學的研究告訴你「嬰兒怕黑，幼兒怕鬼怪」這種老生常談的時候，千萬不要覺得奇怪，因為現在有很多教養理論，暗示要忽略孩子天性的脆弱，鼓勵家長以訓練的方式克服嬰幼兒的膽怯或分離焦慮。但宏哲不這樣做，他反而教導家長從建立孩子EQ、AQ的遊戲中，去幫助他們面對，並且解決這樣的恐懼感。

這本書非常特別，王宏哲老師不是天馬行空地說教，而是利用大量插圖和遊戲方法，讓焦頭爛額的父母可以不再抱著頭傷腦筋，只需依樣畫葫蘆就可以，非常簡單。翻開目錄，如果看到您的孩子有類似的教養疑惑，不用懷疑，本書內文中一定會有您所需要的答案。

教養就像教導孩子開車：從頭到尾都不放手，或是從頭到尾都放任不管，兩種極端都是錯誤的。《教孩子比IQ更重要的事》一書，給了家長另外一個選擇：在每天的親子遊戲中，模擬孩子生活裡會遇見的各個難題，並且一一擊破。我強烈推薦這本好書給您。

推薦序

簡單的遊戲設計，兼具大腦學習與品格教育意義

藝術心理治療師　邱寶慧

遊戲，是孩子們生活的重心。如果親子間能夠透過遊戲拉近彼此之間的距離，可以幫助孩子真實且快樂地成長，父母想對孩子傳達的訊息也會更有效率，這是王老師第二本書《教孩子比ＩＱ更重要的事》，教會我最棒也最美好的事情。

我何其有幸能在從事助人、教育與治療的工作上有機會認識王宏哲老師。當社會上許多親子教育事業在鼓吹如何透過各式各樣、推陳出新的資優教育方案讓孩子贏在起跑點上，王老師最令我感動的是，他投入了全心志業不斷地傳達「家長的角色最重要」的觀念，而不是一味地說明評估、訓練與治療的專業術語。那些看似簡單又琅琅上口的解說與

示範，其實是王老師多年不斷用心，並且持續地在自己的專業上精進與學習的結果，就是爲了用確切、清楚又要讓每位父母都能明白。

本書中簡單不複雜的遊戲設計，包含了大腦學習與品格教育的涵義，這是多麼巧妙且有趣的結合啊！精彩的述說與行爲的示範之餘，王老師總是不忘提醒爸媽其中最應該注意的關鍵問題：「了解科學育兒法的眞正內容與限制，每個活動在孩子身上才能發揮到最大功效」。

也因此在第一本書《孩子的教養，你做對了嗎？》之後，王老師更深入淺出地將科學育兒法區分成三種基礎能力。所謂「基礎」，無非就是做爲一個人應該學會的、最重要的事情。透過培養孩子的EQ（情緒智能）、AQ（逆境智能）、CQ（創意智能），讓孩子更有踏實的存在感、更有熱情的感受度，以及更有邏輯的思考力。王老師爲我們示範，如何穿透行爲表現，藉由最細微的觀察，去了解每一個孩子在不同年齡的學習成長過程中可能會遭遇的問題與困難，來幫助父母以最正確的智慧去判斷如何給予和如何取捨。有時我們可能囫圇吞棗似地照單全收，但是王老師卻願意陪著每位爸媽以最充足的耐心與最完整的包容，去對待自己、對待孩子。

就如同大家所認識的既幽默又感性的王老師，在與他家中的兩個寶貝孩子相處時也是如此喔！在朋友聚會中總是停不下來的爸爸經，讓我相信他絕對是天底下最用心的好爸爸之一，哈哈！

誠心地推薦王宏哲老師的第二本力作《教孩子比ＩＱ更重要的事》，忍不住提醒大家，千萬不要只是光看不練，要邊看邊玩邊學喔。我相信不但孩子們可以從遊戲中找到自信與被愛的感受，親愛的爸爸媽媽，您也可以重回赤子之心，與孩子一起重溫成長的喜悅與樂趣！

祝福大家！

推薦序

讓孩子4Q並重的時代

中醫師　李思儀

人生的成功不再只是IQ至上！

這是我深切從工作中體會的道理，IQ智商的高低也許能決定求學路上較順遂，但是若少了EQ（情緒智能），會少了許多好友；若是少了AQ（逆境智能），則容易遇到挫折便放棄努力或選擇自暴自棄；若缺了CQ（創意智能），則難以爲自己的產品或人生加值；而還有一Q，也是我們做父母的要和孩子分享的——HQ（幸福快樂智能），不管在什麼樣的處境，都能感到幸福和快樂，是比考一百分更重要的事情！

醫之患不在於疾多，而患治療之道少，身爲醫師不怕患者各式各樣的疾病，而須加強的是醫師多樣化的治療之道，在臨床上也常遇到像是過動、注意力難以集中、或是情緒上較有障礙的小朋友，除了用藥改善外，若是能結合更多有效的治療法，能加速小孩的進步，是父母的一大福音，現在有這樣一本好書，透過親子間的遊戲和互動，在育兒之路上與父母分享如何更有趣的改善和提升孩子的4Q，讓孩子能平衡快樂地健康發展，孩子的健康快樂，也是天下父母最大的心願。

宏哲老師是在兒童發展領域上的知名專家，有幸在育兒節目中和他學了不少小撇步，現今他將自己的智慧與專長，全貢獻出來集結成《教孩子比ＩＱ更重要的事》，對於育兒路上徬徨的父母，能提供許多有趣與有效的解決方案，讓我們一同學習和帶領孩子，進入４Ｑ均衡的領域。

推薦序

21堂大腦潛能課，讓你不再受挫，輕鬆當爸媽！

部落格「Choyce體驗式教養，帶孩子自助旅行環遊世界」格主 Choyce

孩子的發展，你做對了嗎？

看到這個問題，總是讓當媽媽的心裡猶豫擺盪好一陣子。打從孩子出生那一天開始，每天都要問自己：我會是好媽媽嗎？我用正確的方法對待自己的小孩嗎？我的孩子是否在正確教養方式下快樂長大？

把這些問題攔街問每位媽媽，從年輕少婦到資深美少女，每個人都會搖搖頭說：「每個人都是生小孩那一天才開始學著怎麼當媽媽。」每個人都經歷了新手父母的慌亂，甚至抱怨另一半不配合不幫忙，對幼兒照護的無助，更提高產後憂鬱的機率，造成歡喜迎接新生兒背後的意外紛爭。

孩子講話晚、走路慢、被幼稚園老師懷疑有扁平足、眼睛眨個不停似乎有妥瑞氏症狀、會不會吃太少而營養不良?有沒有吃過多過胖?過敏體質該怎麼解決?從椅子上摔下來會不會腦震盪?各種育兒煩惱如影隨形跟著新手爸媽的每一天——不騙你,眞的是每一天。面對剛出生的娃娃,手忙腳亂地照顧餵奶換尿布、一歲到三歲的嬰幼兒講話、爬行、戒斷尿布、幼兒教材選擇,四歲到六歲自我主張強、意見多多,幼稚園又該如何選擇?七歲上了小學,該不該學才藝?要不要上安親班?無窮盡的煩惱伴著爸爸媽媽入眠。

曾經聽教授說過:每個人一生都要結交三種好朋友——醫師、律師、會計師。Choyce要鄭重推薦:兒童發展專家王宏哲醫師,他是新手爸媽最值得交往的好朋友。

國立陽明大學醫學院腦科學研究所博士班、長庚大學醫學院職能治療學系畢業的王醫師,自身也是兩個孩子的父親,從二〇一二年發表《孩子的教養,你做對了嗎?》,跳脫純理論派老學究的八股研究報告,統合臨床經驗分享專家的解答。

翻開王醫師的創作,就好像王醫師在你身邊,耐心解說孩子的問題該如何解決。王醫師最讓爸爸媽媽感到安心,因爲他永遠笑咪咪一派輕鬆,卻總是可以切中問題核心,抓到教養路上的盲點。

說起與王醫師所創天才領袖發展中心的淵源,Choyce可以算是第一號學員,好友徐老師總是耐心傾聽，適時給予建議。又因為徐老師而認識神交已久的王宏哲醫師，兩位兒童發展專家加持下，育兒路上如虎添翼，也漸漸懂得放下對醫學無知的焦慮，輕輕鬆鬆當個好媽媽。

我很榮幸能為王醫師第二本著作為序，這本《教孩子比ＩＱ更重要的事》，可以時時放在床頭，臨睡前拿出來與另一半討論育兒難關。有了專家的建議與解決方案，夫妻之間可以不再為了育兒教養問題爭論不休，孩子們也得以獲得正確教養方式，開心成長，親子關係更融洽，夫妻相處也更圓滿。

少了挫折，輕鬆當爸爸媽媽的感覺，眞好。

推薦序

生活重要，還是成就重要？

部落格「陪伴是給孩子最好的禮物」格主 Enzou

談到「孩子的發展」，讓我回想到在過去台灣社會中以務農爲主的家庭，由於有感於付出大量勞力的辛苦，總是一味的希望自己的孩子可以「多讀一點書」，才能成爲「有用的人」，以爲想要脫離苦日子並獲得成就，單靠「會讀書」就夠了。

這樣的觀念傳承到了工商業時代，影響了爲生活急著「與時間賽跑」的父母，迫使他們剝奪許多讓孩子在生活中藉由經驗累積，技巧才能日益成熟的學習機會，像是做家事，因而養育出在工作上可能很有成就，卻不知道飯要怎麼煮的孩子。

收到宏哲兄的《教孩子比ＩＱ更重要的事》新書初稿，翻開自序，看見「爲什麼孩子一定要資優？」彷彿替我吶喊出深藏內心的教養心聲。

諺語「行行出狀元」，若解釋於現代社會，就是鼓勵大家不要只是執著於「會讀書」，每個孩子基於獨特的天賦，都有比較擅長與不拿手的能力，而父母親的工作就是在安全與可承擔的風險之內，鼓勵孩子進行多方面的嘗試，藉由「實際體驗」的過程，不但能夠幫助他們發覺自己的才能，進而建立自信，也能在失敗的經驗中，學習面對挫折的方法。

如此，我們的下一代才能夠體會到生活的各種滋味，並樂於享受生活。

這本書要傳達給各個家庭的，正是「培養會生活的孩子」的方法。全書以EQ（情緒智能）、AQ（逆境智能）、CQ（創意智能）作爲三大主軸，每一篇文章都替家長提出了一個與「發展」有關的問題，並列舉了在家就可以做的檢測方式。最後，宏哲兄更以他臨床十幾年的豐富經驗，不藏私地提供許多改善行爲的「遊戲方法」，這些遊戲大多是在家透過親子互動就可以輕鬆完成的，不需有太多的額外花費，也是一本同時具有腦科學的理論基礎，卻又淺顯易懂的超實用育兒好書。

像是在第一章中談論「愛生氣的小孩」，文中提及「生氣情緒也是一種情感的傳遞，是兒童的『原始語言』……」「了解孩子生氣情緒背後的特殊原因，才能跟孩子有效地溝通」。

這樣的觀念一直是被我謹記在心的。

與其要孩子「不要生氣」，不如爸媽先耐住性子，冷靜地讓孩子學會認識自己的情緒，通常我會告訴生氣的女兒：「哇！你好生氣喔！」然後，試著在孩子發洩過後，選一個雙方都安定的時刻，一起討論分析「爲什麼生氣的原因」，藉由這個「引導與幫忙孩子說出需求」的過程，可以幫助幼齡的孩子「有話好好說」，激發他們大腦的潛能。

對大一點的孩子，新書裡也提供了更成熟的遊戲，例如「揉『氣』球」。

教養方式一直是困擾著家長的問題，我認爲，要教導孩子懂得生活要比獲得工作成就更爲重要。

生活不會只有甘甜，學會面對苦澀的挫折才能爲人生更增添風味，在環境變遷下的現在社會，教養必須用更聰明的方式才能事半功倍，一切仍取決於家長的教養態度，想要改變現在的親子關係，那就不能錯過這本育兒好書！

自序

讓孩子贏在品格的起跑點上

曾經有一位記者來採訪我，開頭就問：「王老師，兩岸三地很多家長都在追求如何培養出資優的孩子，可不可以從教養、發展與大腦的觀點，來談一談家長們該怎麼教育孩子？」我聽完，不加思索地就說：「爲什麼孩子一定要資優？資優是現在孩子成功的必要條件嗎？」教孩子這麼久以來，其實我最希望的是，家長們能放下成績至上的迷思，透過更多親子互動，更了解孩子身上的優點，因爲眞正的自信與成就感，不一定來自學習成績。千萬別限制孩子朝我們的目標前進，而不是往他心中所想的方向去飛翔。

由於教育環境與文化、飲食與科技等進步，讓現在孩子的心智發展，跟幾十年前眞的有很大不同，在教養要追上孩子快速成熟的腳步，有兩件很重要的事：一是要當個會陪伴更會和孩子互動的爸媽，讓家庭關係更加親密；二是要教出孩子的生活好品格，讓孩子一輩子受用無窮。不管是親子演講、臨床諮詢和親子部落格的回覆中，我觀察到現在的孩子大部分都可以被養得很好，可是卻越來越多爸媽愁眉苦臉地跟我說，我們快要不會教了，不知道要如何和孩子互動！其實，這道出了我多年來一再推動從親子遊戲中去教孩子，才能滿足孩子發展的重要。

從學前教育到學齡教育，甚至零到三歲嬰幼兒早期教育，都提倡很關鍵的「八要三不」科學育兒原則。「八要」：要培養自動自發、要培養自我管理、要訓練耐心、要學習專注、要打造自信、要磨練獨立、要培養同理心、以及要鍛鍊挫折忍受力；「三不」：不過度保護、不拿孩子比較、不要只重智能開發。這些原則，更應該落實到具體的親子互動中，所以，我認爲比開發孩子的ＩＱ更重要的事，都放在這本書裡，從三大領域的遊戲設計中，自然地提升孩子內在品格，增加環境適應力，提升學習與發展。

第一部分是談孩子的ＥＱ（Emotional Intelligence Quotient，情緒智能）訓練。因爲讓孩子從小有快樂正向的思考與情緒管理的能力，就是培養優秀人格的開始。在幼兒的成長中，我經常聽到家長們抱怨孩子的情緒行爲很多，如孩子愛生氣、愛耍賴、愛哭；孩子到年紀很大還無法跟媽媽分開；孩子很敏感；孩子的社交畏縮；孩子的同理心不成熟等，本篇提出了很多有趣又帶有功能的大腦發展活動，來增加孩子的情緒管理能力。

第二部分則是談孩子的ＡＱ（Adverse Quotient，逆境智能）訓練。現在的孩子在青少年時期的行爲問題層出不窮，我認爲與孩子的挫折容忍度低有相當大的關係，而耐挫力必須從小就給孩子很多機會教育，要有一定的經驗累積，絕不可能一蹴可幾的。在孩子的認

知行爲發展上有一個重點，那就是孩子的ＩＱ會受先天基因的影響，ＥＱ也會受先天情緒氣質的影響，但唯獨ＡＱ的能力，是被後天經驗教育來的，從跌倒中學到的，這非常的重要，我們絕不能教養出挫折容忍度低的下一代。如果你的孩子在成長的過程中，會好勝輸不起、不能等待很衝動、慢吞吞沒有動機、沒有自信、不能對自己負責，這篇設計了很多提升孩子耐挫力的親子活動，讓爸媽輕鬆養出自律、負責、與勇敢的好孩子。

第三部分則是談孩子的ＣＱ（Creativity Quotient，創意智能）訓練。其實每個孩子先天的潛能都非常大，這部分我最希望談的是，在教養過程中，爸媽們要放下「孩子晚學就輸在起跑點」的偏見，重新觀察孩子在學習成長過程中的興趣與動機。這樣的教養，才能留下「空白時間」讓孩子發展獨立思考的能力，也才能讓孩子的創造力無限。書裡我們會討論非常多孩子的學習力低落（可能與工作記憶有關係）、不愛思考困難問題、常常不能專注學習、塗鴉不協調或寫字慢、想像力較弱等常見現象，並整理出刺激孩子提升學習效率，增加孩子大腦靈活思考、豐富聯想的許多親子活動，期待家長們善用這些活動，不再將目光只投射在孩子的學習成就，而影響到最寶貴的親子關係。

最後，這本書除了結合醫學領域的專業育兒知識，更有我多年來與不同氣質孩子的互動經驗，以促進孩子大腦學習與終身品格的角度，帶領孩子透過遊戲活動練習EQ、AQ與CQ的三大能力，用最簡單的方式在家進行，教養出最關鍵的學習能力；本書也以孩子的行爲問題導向，結合分齡遊戲的設計，期待眾多家庭一同打造愉快輕鬆的育兒環境，從小培養出孩子的好品格與多元智能的基礎。

親愛的爸媽，如果你對科學育兒法有更多的想法，或希望分享你快樂的育兒經驗，甚至育兒的過程中需要我的協助或意見，都非常歡迎到天才領袖的親子部落格。我開闢了一個「請問教養專家」的園地，讓我們一起爲台灣孩子的競爭力而耕耘，祝福大家育兒順利。天才領袖兒童發展部落格：http://casanovab110.pixnet.net/blog

EQ

PART 1

正向快樂的情緒智能，培養優秀人格的開始！

教出自律、合群、好學、有禮的好孩子

為何我家小孩愛生氣?!
——教出孩子好情緒的關鍵

每個孩子一定都有情緒，情緒發展的教養重點在於「情緒自我管理的能力」與「情緒是否有逐漸成熟的跡象」。兒童表達情緒的方式從原始到複雜，一般來說，六個月的孩子就知道可以用生氣制約媽媽；兩歲後的孩子就會大量地說「不要」，來拒絕爸媽的要求；四歲孩子的壞脾氣，經常帶有測試大人底線及挑戰規範的心理層次；六歲以後的孩子，則非常重視同儕的眼光，大量的負向情緒行爲可能都來自於學校及團體。

兒童情緒發展成熟速度的快慢通常因人而異，而成熟程度則倚靠後天環境的培養。生氣是人類的基本情緒，「愛」生氣這件事則與後天的家庭教育及教養有關係。美國心理學家艾瑞克森的人格發展理論中提出，孩子在發展主動探索時，若得到正面的讚賞，能夠有效增強孩子的主動動機，有助於孩子發展健康的情緒；相反的，如果照顧者無法理解孩子的行爲是在探索，而大量禁止或責罰，孩子便容易產生挫折感並延長負面情緒停留的時間。

生氣也是一種情感的傳遞，是兒童的「原始語言」，連嬰幼兒都能以強烈的情緒來表達他們的需求和感受。因此，了解孩子生氣的背後的特殊原因，才能跟孩子有效的溝通。很多家長在第一時間總是對孩子說：「你看，你又愛生氣！你又亂發脾氣了！」其實，這也是對孩子人格貼標籤的負面作法，眞正正確的作法是對事不對人，不在第一時間用不正確的言教批評。

心理學中的「破窗效應」理論經常被拿來討論負面人格的養成。這個理論是說，一個孩子如果長期處在大量被批評的環境下，就會像一個廢棄的房子，本來只破了一扇窗，但過沒多久，你再去觀察其他窗戶也都被破壞了！在我引導家庭處理教養問題的這十幾年來，眞的發現不少年紀較大的孩子都會在評估的過程中跟我說這句話：「反正我就是爛！什麼事情都做不好！」他們在成長的環境中，缺乏大量的自信心與成就感。

如果你覺得這只出現在學齡以上的孩子，那就錯了！很多五歲的孩子被爸媽拎來找我，就是因爲在幼稚園或平常愛生氣、不配合、不合群，整天被老師批評！其實這些幼兒行爲，都跟這群心智已經漸漸成熟的孩子容易放棄自己、變成低自尊及愛生氣有關。所以我們應該怎麼做呢？在兒童的成長過程中，父母應盡量避免過度壓抑孩子情緒的流露，提供傾聽溝通的環境，適度的引導孩子學習以適當的方式去表達心中的感受。此外，孩子學習情緒的方式，也可以透過家庭成員的角色扮演，提供大量的練習。爲了孩子往後有較爲健康的情緒發展，主要照顧者最好也具有安定的情緒，因爲近十年已有大量腦科學研究證實，情緒是會感染的。生氣的情緒，當然也會傳到幼兒身上，被大量的模仿與學習。

「生氣」，是孩子在自己的需求不能實現或被否定時發生的，也是孩子最常表現的一種天生的負面情緒。例如：他的要求未能即時滿足，他的行動受到阻止，又或者與別人爭玩具，被人搶走心愛的玩物，玩遊戲時與玩伴意見不一樣，這些情境都會使兒童感到挫敗、生氣。父母必須適當介入，公平地當仲裁者，避免孩子經常性地利用生氣這件事，去尋求主要照顧者的關心。孩子的情緒並非不能改變，父母正確的教養，有絕對的影響力。

大腦小百科

腦中的情緒總管是皮質下的杏仁核，而掌管重要思考的大腦皮質，邊緣系統的海馬迴、視丘等結構，也會同時參與情緒的調節。新近研究發現，透過後天情緒訓練，可改變腦部神經傳導物質分泌與功能連結，進而提升孩子EQ。

兒童情緒發展里程表

年齡	情緒發展
0～5週	滿足、驚訝、厭惡
6～8週	高興
3～4個月	生氣
8～9個月	害怕、悲傷
1～1歲半	善感的、害羞
2歲	驕傲
3～4歲	忌妒、罪惡
5～6歲	自信、謙虛、擔心

孩子生氣類型對應的人格特質

①默默生氣型：消極對抗，容易放棄，不容易對事情負責。
②大哭大鬧型：處理事情沒耐心，挫折忍受度也較低。
③打人摔東西型：容易動手來解決社交上的挫折。

如何培養孩子適當地表達生氣

①先同理孩子，跟孩子說：「爸爸媽媽知道你非常生氣。」
②進行陪伴，讓孩子有安全感，並有表達的機會。
③教孩子一同設立正確情緒宣洩的方法（跑步、打球，甚至揉報紙……）。
④等孩子較穩定，帶領孩子分析令他生氣的事件（注意！很多家長及老師太早介入，反而讓孩子說不清楚而更生氣）。
⑤帶著孩子想一想下次的問題解決策略，並幫他補充，例如提醒孩子不可以傷害他人、自己及物品等原則！

兒童發展專家的腦科學育兒法

發展孩子的樂觀正向力，你可以這樣做

❶ 一到三歲的大腦訓練遊戲

◎那是我的： 家長可以做情境假設，提供孩子面對類似情境的練習。例如：如果你的蛋糕被拿走了，寶貝覺得怎麼樣？有不開心嗎？那接著要怎麼辦？如果你的車車被拿走了，寶貝會覺得怎麼樣？那要怎麼辦？給孩子做反應的機會，讓他們在往後面對類似自主權被侵犯的情況時，反應不致於過大。

◎好好說才有： 生活中孩子經常有需要被滿足的時候，家長可以引導、幫忙孩子說出需求，然後再滿足其所需。反之，家長平常在跟孩子相處時，也可說明當下進行的行為，提供孩子模仿的對象，養成孩子「好好說」的習慣。

◎情緒記憶： 重複印製三種不同的情緒表情各兩張，將牌蓋起來後順勢洗牌並排成一列，讓孩子翻出第一張表情，

情緒記憶

接著從剩下的五張牌中找出同樣的另一張。遊戲的過程中，在孩子翻出情緒表情後，請孩子說出是高興、難過還是生氣？

❷四到六歲的大腦訓練遊戲

◎揉「氣」球：教孩子在生氣時找到紙筆，把不開心畫在紙上，並且用力揉成球，狠狠地把它扔進垃圾桶裡。

◎連連看：畫出不同的情緒表情，並寫出不同的情緒形容詞，在孩子選出其中一張圖片後，做出情緒形容的配對。家長可在一旁作說明或舉例，幫助孩子了解不同的情緒。

◎撕撕樂：當孩子有負面情緒產生時，家長可以拿一張紙跟孩子一起撕，看誰可以把紙撕得最細。在把紙撕細的過程，可以逐漸緩和孩子生氣的情緒。

❸七歲以上的大腦訓練遊戲

◎一起想辦法：了解孩子生氣的原因，等孩子冷靜下來後，跟孩子一起討論剛剛生氣的原因，一起想解決辦法。

◎魔鏡：引導孩子在生氣時，對著鏡子把不開心統統說出來。家長可以詢問孩子，說出來有沒有好一點？有時候

揉「氣」球

可以請孩子觀察自己在生氣時，說話的表情好恐怖噢！所以我們不要生氣，好好說就好。

◎讚美之泉：家長可以利用家庭時間，跟孩子一人說一件今天對方很棒的事情，適時地給予誇獎，培養孩子的自信，讓孩子看到自己的優點。這個時期的孩子面對的挑戰突然大量增加，難免會因爲自認爲的不如意而自暴自棄，自信的建立在這個階段扮演的角色相對重要，足以穩定孩子的情緒，並且進一步培養孩子內省的能力。

為什麼孩子這麼黏人？

——教會孩子接受分離，避免分離焦慮

分離焦慮的發生與成因

分離焦慮的行爲，在兒童發展初期是一個正常的現象，通常出現在孩子約六到八個月大開始，因爲這個階段的孩子開始會認人及環境，而分離情緒產生的高峰期則爲十八個月到兩歲半，並在三歲以上逐漸消失。伴隨著安全感的需求，嬰幼兒在發展的過程中，經常需要與主要照顧者建立比較好的依附關係。

分離焦慮常見於學齡的孩子。通常在開始上學的初期，維持一到兩個月可視爲正常狀況，但如果這樣的狀況持續時間過長，潛在的壓力與焦慮很容易影響孩子的正常學習發展。

在流行病學中，分離焦慮的發生率約爲8到10％，其中，女生又爲男生的兩倍，分離焦慮表現較爲嚴重的孩子經常合併有社交、行爲的問題，甚至有較爲顯著的焦慮、情緒低落及無助感；長遠的影響則包含影響學習及未來工作表現。

分離焦慮的成因，可分爲先天的生理因素及後天的家庭因素，後者包含童年經驗、個人情緒、家庭因素。焦慮往往建構在害怕的情緒上，因此我們須先了解各個階段的孩子害怕的因素有哪些。

各種不同階段	常見害怕因子
嬰幼兒	音量過大、黑暗環境、陌生人、大型物體、與照顧者分離
學齡前兒童	黑暗環境、與照顧者分離、怪獸、鬼、動物、打雷或暴風雨
學齡兒童	身體傷害、死亡、學校表現、大自然的災難
青少年	公開演講、社交地位、學校表現、健康狀況

大腦小百科

害怕的感覺輸入與回應乃是透過大腦視丘、海馬迴及杏仁核的傳導與回應，研究證實，過度害怕及長期恐懼，足以讓大腦結構產生改變。有分離焦慮的孩子相信當他們熟悉或依賴的人跟他們分開時，將會有不好的事情發生。害怕的情緒，導致孩子希望能避免離開家人的視線。有分離焦慮問題的孩子，無法離開主要照顧者，無法單獨入睡，且會有不愛上學的問題產生。

兒童常見的分離焦慮表現

你的孩子有分離焦慮嗎？不妨勾選以下的家庭版檢核表（分離焦慮）：

孩子表現	家長檢核
1.和主要照顧者分開時，有過度焦慮或很強烈的情緒？	
2.到了三歲多還很黏人，沒辦法分開一下？	
3.過度擔心與主要照顧者分開？	
4.莫名地擔心主要照顧者會受傷？	
5.缺乏興趣與非主要照顧者一同前往任何地方？	
6.不願意與照顧者分開睡？	
7.經常做分離情境類型的噩夢？	
8.經常抱怨、闡述不想分開的意願？	

若上述的情況存在四週以上，並且進一步影響孩子的日常生活功能，請家長應尋求兒童醫療專業協助，透過專家適當的引導與介入，讓孩子快樂地成長與獨立。

分離焦慮而拒絕上學的因應方式

- 行爲改變：養成良好而充足的睡眠、規律的運動、規律而健康的飲食習慣。
- 漸進式增加上學時間：告訴孩子上學是必須的，但不須勉強一開始就長時間在學校，面對有分離焦慮的孩子，應採取逐漸增加在學校時間的方式，讓孩子逐漸習慣和主要照顧者分開也可以很好玩；在習慣養成的初期，即使當天不須上課而待在家中，仍建議依照學校的作息，避免其他娛樂性的活動，才不會讓孩子期待不用上課。

幼兒教育研究顯示，分離焦慮是孩子不願意上學最主要的因素，專家們皆強烈建議應及早引導誘發孩子參與團體遊戲，讓學齡的孩子儘早進入團體生活，增加社交互動技巧。

兒童發展專家的腦科學育兒法

改善孩子的分離焦慮，你可以這樣做

❶ 一到三歲的大腦訓練遊戲

◎親子躲貓貓： 家長可以跟寶寶玩娃娃不見了，又跑出來了，寶寶經常對類似的情況感到有趣。這樣的遊戲可以讓寶寶知道，不見的東西會再出現，增加孩子的安全感。也可以跟比較小的寶寶一起玩藏在枕頭山後面，然後再跑出來的遊戲。

◎一個小小世界： 給孩子獨立的遊戲空間。讓孩子有自己玩的時候，不論是喝完牛奶、換完尿片，都可以給

親子躲貓貓

孩子一個短暫的獨立遊戲時間與空間。從自己玩三到五分鐘開始，逐漸增加時間。家長則是在適當範圍內，以便在短時間內有效給予孩子適當的安撫。

◎愛的抱抱：在孩子開心、難過、不安的時候，給予孩子一個肯定的擁抱，跟孩子擁抱的習慣，可以讓孩子有充分的安全感，對未來產生分離焦慮的情形也能有所控制。另外，適當的幼兒按摩，可以透過皮膚感覺傳達安定訊息給大腦，家長可以用整隻手輪流握住孩子的手腳皮膚，由上而下稍用一點力氣地握，有點像在擠沙拉，重覆來回十次左右。

❷四到六歲的大腦訓練遊戲

◎尋寶遊戲：家長可以跟孩子輪流把心愛的東西藏起來，讓對方去尋找，並提示孩子大概的方向。類似的活動可以讓孩子體驗把東西找出來的喜悅，並且感受找不到心愛物品的慌張，但這種不安全感卻可以在最短時間內獲得安撫。

◎小演員大導演：開始情境演出前，家長須先做說明，例如：媽媽去買菜、寶寶去上學，等寶貝下課，媽媽

愛的抱抱

小演員大導演

會去接寶貝噢！然後假裝開著車子帶寶寶到定點，請他在該處稍等，告訴孩子上學很開心噢。時間過得很快，在學校玩完遊戲，媽媽就來接你囉。然後再前往該定點接孩子上車。整個情境的模擬可以爲上幼稚園做準備。讓孩子知道，家長的消失是會再出現的。

◎大家說掰掰：不論孩子跟爺爺、奶奶、奶媽、叔叔等親人出去散步、去廁所、甚至只是洗澡、吃飯或是自己的遊戲空間，周圍的人都可以跟孩子說再見，讓孩子習慣「再見」不是一件可怕的事，而事件結束，所有人都會再出現，藉此建立孩子對分離的安全感。

❸七歲以上的大腦訓練遊戲

◎都市規畫：爸媽可以讓這個年紀的孩子安排都市間的短程交通路線，並跟著孩子的路線，到達短程的目的地，如「我們如果要去公園玩，除了可以過兩個街道，然後右轉外，還可以怎麼走？來，你想想看或找找看地圖，爸爸媽媽等一下跟著你走！」從中體會規畫跟尋找的樂趣，促進孩子思考，並增加學齡孩子獨立的經驗。

都市規畫

◎熱線你和我：家長可以利用週末的時間，讓孩子到其他家人住處暫留，先從半天開始，但在這段不在孩子身邊的時間裡，家長要藉由打電話的方式關心孩子，讓孩子認爲家長其實沒有離開過。逐漸習慣家長不在身邊的感覺，並且增加與非爸媽的相處時間。

◎遮眼躲貓貓：將孩子的眼睛遮起來，讓孩子一起躲貓貓抓人的遊戲。沒有視覺的幫忙下，可以刺激孩子更多聽覺專注及肢體律動感覺的發展。經常玩這遊戲的孩子不易怕黑，也較容易建立不怕分離的感覺。

我不怕生，請跟我做朋友
——教孩子學會互動，在團體中合作愉快

每個孩子都需要被別人接納、尊重與關懷的感覺。孩子自出生以後，陸續接觸到家庭、學校、社會，並且從中發展出親子、手足、同儕、師生、同事……等人際關係，而這些人際互動品質的好壞，都會影響個人情緒社交發展。每個孩子雖然天生都有獨一無二的個性及氣質，但這些情緒氣質還是會深受周遭其他人的影響，因爲孩子的觀察力敏銳、模仿力強，對於人際關係的建立有著極強的學習力與模仿力。

在孩子成長的過程中，父母須花時間陪伴，協助孩子提早了解自我與群我的不同，從家中的手足關係及家庭關係逐漸向外擴展，發展出適當的人際互動。而人際互動中，孩子是否與他人有眼神的對焦尤其重要，眼神的互動爲一種非口語的互動，美國的心理學家甚至將其視爲一種誠實的表現。讓孩子在主動傾聽或者與人互動的同時展現禮貌性的眼神交流，則可提升孩子未來交朋友成功率。

培養孩子的人際互動能力最好的方法，是讓孩子在遊戲的環境中自然地與其他孩子相處。孩子在第一時間或許會有些害羞，但最後還是會在自己沒有察覺的情況下跟其他孩子玩在一起。

「遊戲」在培養孩子的人際互動時扮演極重要的角色，但在孩子從害羞轉爲勇於與人互動、交朋友之前，家長仍須給予一些簡單的協助。而這些簡單的協助包含以下幾點：

．帶孩子到公園與其他孩子一起分享遊樂設施，幫孩子報名課外活動。如此一來，孩子可以在不同的環境中結交新朋友，經過幾次的遊戲相處，孩子主動與他們交談、遊戲的自信將可獲得改善。孩子擁有類似的社交經驗越多，人際間的溝通也就越有幫助

．多邀請朋友的孩子到家裡與孩子一起玩。剛開始接觸的初期，試著去找到孩子們共同的興趣或喜歡的遊戲、玩具，幫助孩子們建立關係。

．教孩子如何分享。利用用餐或分給他人食物的方式，進一步給予孩子分享的觀念，例如麵包或餅乾等，跟孩子一人一半，讓他了解你因爲他的分享而開心。

．讓孩子在家裡練習「Show and Tell」。透過家裡的自然環境，給孩子舞台表演，可以增加往後孩子在大家面前說話的自信，勇於表現的孩子，容易讓同儕了解，進一步跟孩子交朋友。

．帶孩子前往家長的朋友聚會。孩子會從旁觀察父母如何跟其他人互動，並且從中學習互動技巧，不過，要記得不要用強迫的方式逼迫孩子招呼，會建立不愉快的社交經驗。

常見的幼兒社交問題

你的孩子有團體社交問題嗎？不妨勾選以下的家庭版檢核表（團體社交力）：

孩子表現	家長檢核
1.不容易跟其他小朋友產生共同興趣？	
2.對團體其他玩伴經常很急、沒有耐心？	
3.不喜歡講話，姿勢表情少，且沒有察言觀色的能力？	
4.上了學之後，很難遵從團體的共同目標？	
5.經常自己玩自己的，沒有什麼好朋友？	
6.跟其他孩子玩沒多久就會開始爭吵？	
7.同情心及包容的能力比較差？	
8.不喜歡與他人合作的遊戲，或不喜歡排隊？	

若上述情況比較嚴重，可能影響孩子的交朋友技巧，請家長及師長加以觀察引導，在家設計一些遊戲，進行機會教育。

兒童發展專家的腦科學育兒法

練出孩子好人際，你可以這樣做

❶ 一到三歲的大腦訓練遊戲

◎我是三眼娃：跟孩子互動時，父母可以貼一張貼紙在自己的額頭上。一開始就要孩子看著對方的眼睛與其互動或許有些難，但鼓勵孩子看著貼紙，如此一來就可以用較爲好玩、好笑較不具強迫性的方式，讓孩子練習在互動時注視人臉且有一些眼神交流。

◎同心協力：跟孩子一起疊積木，你一個、我一個，當難度越來越高時，主動幫忙孩子。先給孩子一個模仿的對象，然後再尋求孩子的幫忙，並在幫忙後給予鼓勵，讓孩子對幫忙的行爲記憶產生正增強。接著帶著孩子跟自己朋友的孩子一起玩，雙方家長先一起加入，藉由家長間的熱絡，降低孩子的陌生感，逐漸熟悉後，家長們逐漸抽離，孩子們可以自己經營簡單的人際關係。

◎非你不可：家長可以創造讓孩子幫忙的機會。例如：幫忙拿拖鞋、找鑰匙等等。創造一個情境，告訴孩子這件事情一定要拜託他幫忙，你發現只有他才找得到，並在事成後好好謝謝他、鼓勵他。讓孩子對「幫助他人」這件事產生興趣及內在動機。

同心協力

❷四到六歲的大腦訓練遊戲

◎還記得嗎：準備一副撲克牌，任意挑選四張，並將其翻開，讓孩子可以看到牌。接著問孩子一些問題，例如你喜歡的玩具是什麼？讓孩子花約一分鐘開心地闡述。然後請孩子閉起眼睛，家長從四張牌中拿走其中一張，再請孩子張開眼睛，並且請他說出不見的是哪一張牌。

這樣的遊戲方式可以讓孩子練習對人描述事件的細節，並回到原本的主題來。除了可以加強孩子的人際溝通技巧外，這樣的練習對往後閱讀及非語言的溝通，都有絕對的幫助。家長可依孩子的年齡、能力及注意力增減牌的數量。

還記得嗎？

◎感覺的模樣：首先，家長可鼓勵孩子說出他們的感覺，孩子的字彙或詞彙較少，因此需要家長的協助，幫忙孩子了解自己的感覺，並且做出適當的反應。

接著，家長可以拿圖畫紙畫六到七個圓，並且說出不同的故事，例如：今天在學校有小朋友生日請大家吃糖果。接著請孩子畫出這樣的故事是什麼樣的感覺？是開心的笑臉！家長在每個故事後須確定孩子能夠正確地畫出不同的感覺。這樣的練習，可以讓孩子了解自己的情緒，進而能夠在與人相處時，適當地表達自己的感覺，並且做出適當的調整，以適應團體生活。

◎掌聲響起：家長跟孩子在家庭時間裡，每天說出三句讚美對方的話。讓孩子學習觀察他人的行為，例如：媽媽今天煮的菜很好吃；寶貝今天吃飯又快又乾淨。從家人做起，慢慢將範圍擴展到公園一起遊戲的玩伴，或是其他的同學等。讓孩子學會肯定他人，從欣賞他人的角度開始建立簡單的人際關係。

❸七歲以上的大腦訓練遊戲

◎合作無間：兩個小朋友使用任何方式將球從A點運到B點，而不讓球掉到地板上。這樣的遊戲過程，孩子們需要依對方的步調、體型、能力或者其他任何需求自己作出調整。可練習人際互動所需的包容性及適應性。

◎各司其職：給孩子角色扮演的機會。例如：在家中模擬餐廳的情境，媽媽扮演廚師、爸爸扮演櫃檯、孩子扮演服務生等。讓孩子透過角色扮演，了解整個情境模擬要有趣、好玩，需要大家各司其職，在團體中扮演好自己的角色。

◎真正高興見到你：家長幫忙孩子自我認識。透過畫畫的方式，畫出自己的特色，並且在家人面前加以說明、勇於表演，讓孩子在面對觀眾時能夠減少退縮，增加勇氣。接著請孩子畫出他的好朋友，並且向家人介紹他的朋友，給孩子機會形容，並且妥當地描述自己與同學的互動。

合作無間

凡事都是別人的錯?!
——教出自律、誠實、獨立思考的好孩子

孩子能否自我省察，顯示內省智能高或低

「知錯能改，善莫大焉」這句話就是多元智能中內省智能的代表。哈佛大學心理學教授霍華德．嘉納認爲，內省智能包含個人對自我感覺的反省，也就是指自我省察的能力。如何辨別自己的感覺，並且進一步產生適當的行動力，對孩子的社交發展及日常生活的表現是很重要的。內省能力所代表的是孩子能夠確實知道自己心裡的感激、害怕及動機，知道對錯是非，並規律及管理自己的生活。

內省智能高的孩子，通常能適當地調整內在情緒，並建立一套正面的想法。家長可與孩子多傾談、體會他們的感受，給予並尊重孩子的選擇。這樣的孩子往往較爲獨立，喜歡獨自遊戲、角色扮演、編造故事等，將自己的行動力和情感加以連結。在非常了解自己的狀況下，孩子會將所需物品自行整理好，這樣的孩子擁有絕佳的反省能力、動機及執行力，對自己的未來也經常設有明確的目標。不過，也有一類孩子對自我的要求過高，可能是完美主義者，因此會有輕微的人際問題產生。

相反的，內省智能較爲不足的孩子，在面對錯誤的情況下，家長則應適時給予明確的說明，確實而具

體地告訴孩子問題，並且教導孩子勇於認錯。在承認錯誤的同時，可先針對孩子的勇於認錯加以鼓勵，再和孩子一起探討如何改進，而避免過度強烈的情緒反應。

內省智能高或低，引導方式也不同

內省智能高的孩子自律能力通常較強，但也因此有較高的自尊。因爲孩子可以清楚地了解自己的內在情緒及意向，故能有計畫地作出適當的規畫或行爲。這類的孩子喜歡有自己的時間及空間，喜歡以探索的方式進行學習，並且希望能夠藉由各種管道、甚至用自己的直覺來了解自己的優缺點。

相較於內省智能高的孩子擁有明確的目標及計畫，無法承認失敗的孩子往往無法認清自己的目標，因爲孩子的大腦沒有失敗經驗的解答，因此對目標的設定及努力方向的調整並不會有太多想法。因此，要練習認清自己的不足，也就是承認自己的錯誤，才能順利發展出解決問題的能力。面對這樣的孩子，家長須與孩子一起訂定家庭規範，漸進式地引導孩子認清規則並且一同遵守。一旦孩子對規則的認定清楚，「都是別人錯」的行爲表現也可顯著降低。進行家庭教育時，家長對於對與錯須有清楚的界定，避免模稜兩可的情形，讓孩子無所適從。這樣的孩子也需要家長適時地引導，給予孩子做決定的機會，並且正視孩子做不到的事情，進一步引導孩子一起克服。此外，親子間也可以透過一起討論他人的優點，培養孩子欣賞及尊重他人的能力。

常見的內省智能問題

你的孩子會常責怪他人，有內省智能問題嗎？不妨勾選以下的家庭版檢核表（內省智能）：

孩子表現	家長檢核
1.孩子經常無法了解自己的優缺點？	
2.日常生活中發生問題，覺得都是別人的錯？	
3.不能夠單獨玩遊戲？	
4.經常對特定物品有特別偏愛，過度固執？	
5.不太能從錯誤中學到教訓？	
6.難以等待，不能理性地聆聽他人的規範說明？	
7.不能在團體中進行角色扮演？	
8.對不同的玩伴，沒有不同的互動方式？	

兒童發展專家的腦科學育兒法
教出自律負責的好孩子，你可以這樣做

❶一到三歲的大腦訓練遊戲

◎一起動手做：從小和孩子一起收玩具、把自己的東西歸位、做家事等，逐漸養成孩子自己收玩具的習慣，讓孩子學習負責的態度。

◎認識自己：先從帶著寶寶認識自己的身體各部位開始，教寶寶描述自己的身體及器官作用，逐漸引導寶寶說出自己的心情，如去公園玩，好開心；快追到了，好緊張，並且作出對應的表情，培養孩子的自我意識。

◎與我分享：不論任何時候，爸媽可以跟孩子分享你正在做什麼；他身上穿的衣服樣式是什麼，你們有何不同；不論當時的他了不了解，家長對孩子說的每一句話，都在奠定孩子的心智發展基礎，增加孩子的語言能力，讓孩子未來更能清楚地表達、了解自己的情緒。

❷四到六歲的大腦訓練遊戲

◎小小畢卡索：家長可以提供孩子各式畫筆如彩色筆、蠟筆、水彩筆及畫紙，孩子其實不須任何的提示就可以隨心所欲地畫出他想像的、眞實的、記憶的情感。繪畫的功能可以讓

小小畢卡索

認識自己

孩子釋放壓力、表達情感。家長可以鼓勵孩子用不同筆表達，尤其是在這個心智發展正在成熟的階段，藉由畫畫加上家長傾聽孩子的描述，建立內省與分享的能力。

◎選你所愛：家長在幫孩子添購物品時，盡量帶著孩子一同前往，並且給予選擇的機會，當有A、B、C三個選項時，讓孩子做選擇，並且請他告訴你，爲什麼要選這一個？爲什麼不選另一個？給孩子機會思考自己的選擇並且表達自己的想法。

◎特蒐王：家長可以從小開始培養孩子蒐集的興趣，包含蒐集特定物品，例如：錢幣、郵票、模型、貼紙、公仔等。透過這樣的活動，可以讓孩子增加專注耐心，建立自我認同，了解目標，提供孩子大量的機會去分析、決定、反省自己，並且爲自己訂定可以達到又具挑戰性的目標。

❸七歲以上的大腦訓練遊戲

◎小小總裁：家長可以陪伴這個年紀的孩子針對不同的目標擬定作戰計畫，例如，寒假作業要如何分配？並在完成後一起回顧過程中的問題。

◎愛的分享：每晚睡前給孩子一些談心時間，和孩子聊

愛的分享

聊今天的開心與不開心，家長也可以分享自己的情緒或者針對孩子的情緒給予同理，也了解孩子的交友狀況。藉著跟孩子的談話引導孩子自我探索與反省。

◎設身處地：選一本喜歡的書如《湯姆歷險記》，告訴家長故事裡的主角遇到了什麼問題？主角怎麼去解決這個問題？主角覺得這個問題難不難？換做是你又會想怎麼解決呢？

孩子是自我感覺良好、沒禮貌，還是少了同理心？

——教出有禮、能察言觀色的好孩子

原來是心智發展不成熟惹的禍

你是否羨慕有些孩子講話就是特別甜，特別討大人喜歡？你是否納悶怎麼有些孩子一點玩笑都開不得，容易生氣？你是否發現你家的小孩在某些人面前特別「盧」，在某些人面前特別乖？這些都代表著孩子心智理論（Theory of Mind，又稱爲心智解讀）能力發展的程度不同。

心智理論能力指的是一個人爲了能理解別人的行爲，及預測他人接下來的動作，必須能夠辨識、理解甚至是推論別人的想法、信念、欲望及意圖的能力。這個看似深奧的社交能力，其實在孩子大約四歲半時就已發展完善了，所以孩子在阿公阿嬤在家時，被爸媽罵會哭得特別大聲、特別慘，因爲孩子們能夠推論出阿公阿嬤接下來一定會來救他；孩子們能夠理解因爲白雪公主沒有看到巫婆下毒在蘋果上，所以不知道原來蘋果是有毒的。

講到這裡，猜猜看經典的遊戲——老鷹抓小雞，扮演好哪個角色（老鷹、母雞或小雞）需要較佳的心智理論能力呢？答對了，就是母雞，因爲他必須隨時觀察老鷹的肢體動作、眼神和表情，去推測老鷹下一步的行動，才能及時做出反應，甚至做出欺騙老鷹的行爲，這是更高深的心智理論能力，就像籃球員的漂亮假動作一樣。因此，當孩子收到阿姨送的衣服，卻脫口而出「我不喜歡這個顏色」或「怎麼是衣服啊！」爸媽在生氣之餘，也要想想是不是該好好加強孩子的心智理論能力了。

心智解讀能力對於人際社會發展，具有相當大的影響

心智解讀能力早在嬰兒時期就開始發展，所以嬰兒在很早就能分辨喜怒哀樂，六個月大時就有目的性的伸手抓握動作，進而會有意圖地去丟東西讓大人撿。九到十二個月大時，要接觸新的事物前，會去看大人的眼神以推測能不能碰。一歲半時，孩子就能依照成人表現出喜好哪種食物而遞給他那個食物，這個年紀就開始有假裝遊戲，他們會拿起小盒子假裝手機講電話，但實際上他們很清楚小盒子和手機是不同的。兩歲左右的孩子，會知道自己想要的和他人想要的可能會不同，但也因爲這樣的認知讓他們容易有挫敗感，進而做出反抗的行爲，成爲我們常說的「恐怖的兩歲」。

從語言也可以看到心智能力的發展，兩歲的孩子會使用「想要」「喜歡」「覺得」等字彙，而三歲的孩子就會出現「知道」「認爲」或「以爲」等更深入的想法字彙。三歲的孩子能夠預測遭遇會如何影響個人的感受；四歲的孩子甚至可以根據別人的需要和想法去預計別人因而會有的感受，例如他知道弟弟想要的是遙控汽車，但爸爸卻買給弟弟一本書，弟弟會感到不開心。四歲時孩子已知道其他人可以有「錯誤」想法，例如老師拿出糖果罐，小明和小華都知道裡面有糖果，但老師卻在小華面前將糖果拿出來，然後將筆放進去，小明並沒有看到，四歲的小華知道小明依然會認爲糖果罐裡裝的是糖果，但若小華只有三歲，則小華會以自我中心爲主地認爲小明知道糖果罐裡面裝的是筆。

孩子心智解讀能力的發展速度會受到環境的影響，例如家長經常和孩子談論想法、感覺、經驗等、大量的故事閱讀、家中有哥哥姊姊、常玩假裝遊戲……這些都會加速心智理論能力的發展，不過孩子本身的語言、認知能力發展和自制力也會影響發展速度。研究顯示心智解讀能力較佳的孩子會有較佳的溝通能力，解決同儕間的衝突，可以玩較複雜的假裝遊戲，社會競爭性較強，在學校較開心，易受同學歡迎，學業成就也較佳，所以心智解讀能力對於孩子的人際社會發展具有相當大的影響。

心智解讀能力不足對日常生活的影響

・容易誤解或搞不清楚他人話語眞正的涵意：心智解讀能力不佳的孩子，很難由他人的眼神、臉部表情、肢體動作、講話的聲調或頻率，了解其代表的意義，僅能從別人的話語做出字面上的解釋，在人際互動中就容易造成問題，例如「你今天中午吃飯了沒？」，可能會回答「我今天中午沒有吃飯，我今天是吃水餃」，或者聽見他人的玩笑話，就很容易當眞而生氣。

・容易被認為不尊重且態度粗魯：由於不能理解他人講話的觀點或體會他人的分享，依然站在一個以自我為中心的角度，容易讓人感受到不尊重，甚至在團體的分享時間可能會出現上課不守規矩、不專心的情形。講話的話題是他人沒有興趣的也不易察覺他人的反應，久而久之朋友自然就少，影響人際關係。

・過度的誠實：人與人的互動中，有時善意的謊言是必要的，但心智解讀能力不佳的孩子，不易理解哪些話是別人想聽的，哪些話說出來可能會傷人，只會依照自己的觀點說話，因此像「媽媽，這個阿姨好胖喔！」這種令家長尷尬的話可能就會經常出現，另外在團體生活中，也很容易成為同學們眼中的「抓耙子」，影響同儕間的互動關係。

．**疑心感較重**：由於心智解讀能力較弱的孩子無法區辨他人的行爲是故意還是不小心，若再加上過去曾有過不好的經驗，例如曾被同學捉弄欺負，就更容易將他人不小心的碰觸都當成是故意，甚至動手反擊，這都是因爲這些孩子無法依照當時的氣氛和社會性線索判斷他人的意圖所致。

．**難以說服別人，妥協及解決衝突的能力較弱**：由於難以理解他人的觀點，所以在說服他人、教導他人的技巧極爲有限，更重要的是，人與人的相處是時常需要妥協的，心智解讀能力較差的孩子很容易只站在自己的觀點看事情，比較難爲了友情而去適應別人的要求及決定，因此在友誼的維繫上容易遇到困難。

．**建立自我意識及內省能力不足**：「我原本以爲是……結果……我可能想錯了。」四歲左右的孩子有了這樣的能力，就代表他的想法不再只是當下反應，而是從個人的角度出發，這樣在遇到問題時，就能夠去思考各項的解決方案。

．**欺騙行爲能力不佳**：欺騙行爲是需要去預測他人的想法的，這個看似不好的行爲，其實很廣泛地應用在孩子的遊戲上，例如撲克牌的「心臟病」和「吹牛」、一二三木頭人、老鷹抓小雞、或各種球類運動等，甚至兩歲左右的孩子就會有欺騙的行爲，只是技巧不佳，例如你問他誰把餅乾吃掉了，他會故意回答你「爸爸」。成功的欺騙，代表孩子可以推測他人的想法，善用自己的口語和非口語能力讓他人相信，這是需要相當好的心智理論能力的，由於孩子的許多遊戲包含有欺騙的元素，能力不佳的孩子，在遊戲時自然增添不少挫敗感。

．**未考慮到自己所知和別人所知不同**：兩歲的孩子就會知道要問媽媽卡片上的圖案要將卡片翻過來給媽媽看，否則媽媽只能看到卡片的背面，這就是孩子可以站在他人的角度看世界，談話也一樣，談話時能注意到每個人的經歷不同，而提供不同的背景資訊，才能讓人理解內容。

兒童發展專家的腦科學育兒法

發展孩子的心智能力，你可以這樣做

最佳的心智解讀訓練方式就是親子互動遊戲，多利用圖片、照片、故事與孩子探討引發不同感受的原則。因爲每個孩子的生活經驗不同，因此接下來提供不同年齡孩子心智理論能力的大腦活動訓練基本原則，親愛的爸媽可以自由變化發揮喔！

❶ 一到三歲的大腦訓練遊戲

◎情緒辨識：

1. 從照片及繪本圖片辨認表情（開心／難過／害怕／生氣），網路上也有許多的「情緒臉譜」可供爸爸媽媽運用喔！
2. 讓孩子由故事情境判斷主人翁的情緒是開心／難過／害怕／生氣……例如「龜兔賽跑」裡的兔子輸給了烏龜，兔子會感覺如何？爸爸媽媽可提供圖片讓孩子選擇喔！

◎了解他人的想法與信念：

1. 簡單視覺角度練習：讓孩子了解不同人見到的東西會不

情緒辨識（1）

情緒辨識（2）

同，爸爸媽媽可以自己製作正反面是不同圖案的卡片，然後將卡片放在孩子和自己的中間讓孩子了解這個概念。（例如卡片一面是西瓜，另一面是玩偶。）

孩子所見到的是 

爸媽所見到的是 

2.複雜視覺角度練習：讓孩子了解人如果在不同的位置，看到物件的角度也會不同。例如爸爸媽媽可以將玩偶圖片平放在自己和孩子中間的桌上，讓孩子了解自己看到的玩偶雖然是正的，但爸媽看到的玩偶卻是倒著的。

孩子所見到的是 

爸媽所見到的是 

3.「故事推理」：讓孩子了解人只能知道他曾經見到的事，例如白雪公主沒有看到巫婆在蘋果上下毒，所以不知道蘋果有毒。如果孩子一開始不能理解，爸媽也可以實際玩遊戲給孩子

了解他人的想法與信念

看，例如在孩子沒有看到的情況下將一個銅板藏在左手中，讓孩子了解他不會知道銅板在爸媽哪一隻手中，因爲他沒有看到。

4. 對的想法與行爲的關係練習：讓孩子了解一個人「對」的想法（意即符合實際情況）會怎樣影響他的行爲，例如小美早上上學看到桌上有棒棒糖，但沒有看到衣櫃裡的棒棒糖，現在小美放學回家了，小美會去哪裡找棒棒糖呢？

◎假裝遊戲：

1. 物件替代：以一個物件代替另一個物件，例如：拿盒子當手機講電話。

2. 賦予物件虛假性質：例如假裝洋娃娃肚子餓了，餵他吃飯，吃完幫他擦嘴巴等。

3. 運用想像的物件／設計想像的情境：例如拿著空杯子喝水、假裝手拿著手機講電話等。

❷ 四到六歲的大腦訓練遊戲

◎情緒猜謎：

1. 由「希望」是否被滿足來判斷故事主人翁的感受，例如小豪好想吃銅鑼燒，結果媽媽給他的下午點心眞的是銅鑼

了解他人想法與信念（4）

燒，小豪會感到？

2.由故事主人翁的「想法」推測主人翁最後的感受爲何，例如媽媽幫阿凱準備的下午點心是菠蘿麵包，雖然阿凱下午也好想吃菠蘿麵包，但阿凱以爲菠蘿麵包昨天就吃完了，媽媽沒有再買，所以今天下午不會有菠蘿麵包，那麼阿凱會感到？結果，到了下午，媽媽眞的拿出菠蘿麵包當點心，阿凱看到會感到？

◎情境推理：

1.「錯誤」想法練習（未預期的移位）：

讓孩子了解儘管他知道別人的想法「錯」了（意即與實際狀況不符合），別人原先的想法也不會改變。例如將小美原先放在桌上的鉛筆盒，趁小美沒看到的時候偷偷放到衣櫃中，小美放學回家後，會到哪裡找鉛筆盒呢？

2.「錯誤」想法練習（未預期的內容）：

例如小美知道糖果盒裡面裝的是筆了，但琪琪並不知道，這時候琪琪進來了，小美會認爲小琪覺得糖果盒裡裝的是？

情緒猜謎（1）

情緒猜謎（2）

◎我是大導演：遊戲的內容會包括物件替代（例：盒子當手機）、用動作或語言表示想像的物件或人物（例：扮狗「汪汪」叫）、賦予物件虛假性質（例：將衛生紙撕碎灑下當作「下雪」）、把感情賦予玩具（例：洋娃娃吃了食物感到很開心）、讓洋娃娃扮演（例：洋娃娃煮飯）、進行角色或情境扮演（例：玩「警察抓強盜」遊戲），四到六歲的孩子有能力將上述特色匯整起來，例如假裝自己是一名警察，遇到銀行搶劫，爸媽可以引導孩子如何完成警察抓強盜的故事。

❸七歲以上的大腦訓練遊戲

這個年紀將發展的是較高階的心智理論，父母親可以由日常生活經驗中去教導孩子話該怎麼說，或者是帶著孩子去分析他人話中背後的意思，例如了解失禮、善意謊言、揶揄、誤解、諷刺等弦外之音，以及了解更多的複雜情緒，如忌妒、害羞、尷尬和自尊等。

情境推理（1）

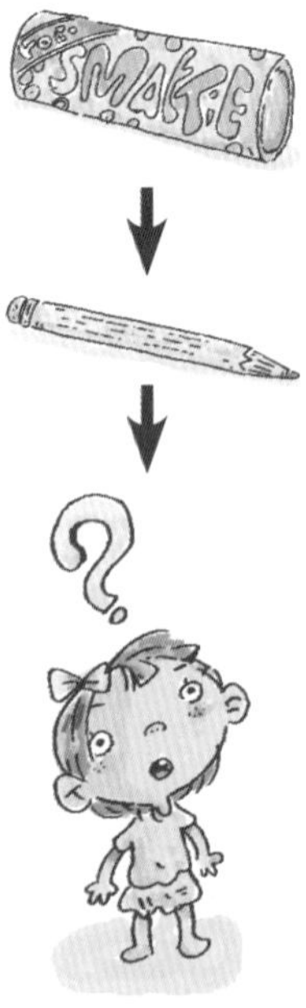

情境推理（2）

◎最佳劇本改編獎：請孩子將以下幾個常聽的故事改編，只要因果及邏輯正確即可，與孩子分享自己的想法，並鼓勵孩子有更多創意。

①七隻小羊，②三隻小豬，③哈利波特，④西遊記。

睡不好，情緒大腦拉警報
幫助孩子及早建立穩定的睡眠規律

睡得好，比睡得多重要

睡眠對大腦的發展相當重要，早已有研究證實，睡眠對於胎兒和嬰兒時期大腦的各種感覺、情緒、社交學習和記憶發展扮演著相當重要的角色。睡眠不足，不只會影響孩子現在的行爲、學習能力、語言發展、記憶力，甚至是情緒的穩定性，對於未來的注意力、學業成就也都會有深遠的影響。充足的睡眠，會讓孩子有較多的正向情緒；剝奪睡眠，除了容易產生暴躁、易怒的情緒外，也會使得腦部無法準確判斷他人臉部表情，造成人際關係的衝突，進而影響孩子的EQ。

一個完整的睡眠是由好幾個睡眠週期組成，而睡眠週期又可以簡單分爲非快速動眼期（NREM）和快速動眼期（REM），非快速動眼期對於恢復和修補腦部受傷的組織是相當重要的，這時候大腦會分泌血清素和正腎上腺素兩種神經傳導物質，情緒也跟著提升，而快速動眼期則有助於整合白天所吸收的資訊，強化記憶與學習能力，所以兒童睡不好會變得易怒、過動、上課不專心。那麼孩子到底睡多少才夠呢？下表是美國睡眠醫學會所提供的各階段兒童每日睡眠時間，不過每個孩子都有其個別差異，因此不必特別在意孩子睡得多少，弄清楚孩子的睡眠特質、規律才重要。

各階段兒童	每日睡眠時間
嬰兒（3～11個月）	14～15小時
學步兒（約1～2歲）	12～14小時
學齡前兒童（約3～6歲）	11～13小時
學齡兒童（約7歲以上）	10～11小時

大腦小百科

一般人認為在睡眠時，我們的大腦是靜止休息的，這個觀念是錯誤的。其實晚上睡覺時，大腦正忙於將白天學習的事物加以整理、記憶及儲存。就連我們常發生的「作夢」，也是大腦有意義的活動，常發生在快速動眼期。所以睡眠品質與孩子的學習效率有密切的關連。

常見的兒童睡眠問題

你的孩子有睡眠問題嗎？不妨勾選以下的家庭版檢核表（睡眠問題）：

孩子表現	家長檢核
1.爸媽總是必須花很多時間幫助孩子入睡？	
2.孩子半夜醒來好幾次？	
3.孩子鼾聲很大，或是睡覺時需要努力呼吸？	
4.孩子行為、情緒或學業表現明顯改變了？	
5.孩子本來晚上不會尿床，卻開始會尿床了？	
6.因為孩子的睡眠習慣，讓爸媽睡不好？	

兒童常見的睡眠行爲問題原因大概可分爲兩類：

第一類：與「夜醒」相關。成人一個晚上大約會經歷四到六個九十到一百分鐘的睡眠週期；兒童的睡眠週期較短，大約四十五分鐘一個循環，直要到十歲左右才會和大人差不多。這樣的循環很難被大多數的成人察覺，通常我們只是翻個身又繼續睡，然而較小的孩子很難在醒來後又馬上入睡，這個時候如果大人急於介入，孩子沒有機會學會自己進入睡眠的下一個循環，反而將大人的「哄睡」「搖晃」與進入睡眠連結在一起，從此父母便陷入無止盡的噩夢中，孩子的睡眠品質也受到影響。

第二類：與「入睡困難」相關。這通常發生在兩歲以後的兒童身上，孩子可能會要求你再多說一個故事、多唱一首歌、要求多喝一杯水……不斷地拖延睡覺的時間，孩子的入睡時間也跟著越來越晚。

而大一點的兒童產生睡眠問題的原因，大概可以歸類為：一、生理因素，例如睡眠呼吸中止症、神經系統疾病，這就需要尋求專業醫師的協助；二、心理因素，例如壓力、恐懼或害怕，這可以從父母的教養態度開始著手；三、社會因素，例如跟著父母親的作息，這就需要全家人共同努力建立好的睡眠習慣。

如何讓孩子睡眠品質好？

睡眠習慣應該在三歲前養成，否則有一半的機率會持續到青少年時期，甚至影響成年時的健康。那麼怎樣讓孩子睡得好呢？

．**培養規律的睡眠時間**：你希望孩子幾點起床呢？那麼你應該參考不同階段孩子的睡眠時間，回推孩子該上床睡覺的時間，不過若以孩子的生長發育為考量，十點前就應讓孩子入睡，因為生長激素分泌最旺盛的時間是在前半夜。固定的睡眠時間是需要培養的，若孩子已經習慣晚睡晚起，那麼大人就需要逐步調整孩子作息（例如每日提早三十分鐘睡覺，提早三十分鐘起床），並增加孩子白天的活動以幫助睡眠。

．**緩和情緒、培養睡意**：在就寢前的三十分鐘，室內的燈光就應調成較昏暗，這時候應以親子互動取代電視、電腦、電動、DVD等多媒體的聲光刺激，也要避免做激烈的運動，年紀較小的孩子擔心半夜因肚子餓醒來，可以給予一些餅乾或牛奶，但要避免躺著喝牛奶睡覺喔！年紀較大的孩子因為壓力不易入睡，也可以吃一些富含色胺酸（如全麥穀類）、維生素B群（如堅果類、牛奶）的食物助眠。這時也可以放一些純旋律的音樂，過去研究發現，聆聽節奏與心跳同步、穩定緩慢、以弦樂為主的輕柔音樂，有助於放鬆入眠。

．**建立舒適的睡眠環境，協助孩子自己入睡：**孩子一有睡意，就應該趕緊讓他上床睡覺，否則若配合大人的作息，孩子就容易變得煩躁哭鬧，便需要大人的哄抱搖晃，久了孩子就會將大人的哄抱搖晃與入睡連結在一起，要建立自己入睡的習慣就更加困難。另外房間的燈光也盡量都關暗，甚至可以的話完全不開燈，讓孩子了解現在只能睡覺，也能調節好自己的生理時鐘。

．**減少攝取咖啡因：**咖啡、巧克力、茶和可樂都是含有咖啡因的食物，他們的加工產品也都含有咖啡因，因此幼童應該盡量少攝取，另外睡前也應避免大量進食或喝水，晚餐盡量在睡前的三小時完成，才不致於因爲消化不良影響睡眠。

．**白天多曬太陽，多運動：**多曬陽光，特別是早上的陽光，更能夠幫助調節生理時鐘，讓晚上更早入睡。而運動，特別是有氧運動，也能讓人有好情緒，幫助孩子的睡眠，因此如果可以，上午趁太陽還沒有很大，帶孩子到公園追逐跑跳，可以讓你的孩子一夜好眠喔！如果執行上有困難，至少下班趁夕陽西下前，帶孩子到戶外運動，也可以有不錯的效果。

．**減少會帶給孩子壓力或恐懼的言語：**十歲前的孩子對於區辨現實和虛幻仍有困難，若大人習慣用一些言語去比較、恐嚇或帶給孩子壓力，例如「姊姊比較棒」「媽媽不要你囉！」「巫婆會來抓不乖的小孩唷！」「唉呦！黑濛濛，好恐怖」等，這些都會讓孩子在睡覺時會有負面的情緒壓力，令孩子睡不著。另外由於現在的學生課業較重，父母的期望較大，若時間沒有規畫好，很容易因爲寫作業或念書而導致晚睡，或甚至睡不好，這點就需要父母親協助孩子學會分配時間，依照孩子的能力做要求，才不致於造成孩子的壓力影響睡眠，進而影響隔天的學習，形成惡性循環喔！

兒童發展專家的腦科學育兒法

培養孩子良好的睡眠規律，你可以這樣做

睡前的親子互動很重要，接下來教你不同年齡孩子的一些助眠小撇步——幫助睡眠的大腦活動訓練。

❶一到三歲的大腦訓練遊戲

◎肢體遊戲：促進孩子的全身運動，動作過程記得要慢，搭配音樂更好喔！

1.親子滾滾樂：孩子仰臥在媽咪兩腿之間，媽咪握住孩子的手腳，向兩側翻滾，讓孩子滾動身體。比較大的小孩也可以利用長的毯子將自己捲起來，像捲心餅一樣喔！

◎小腳翻翻：孩子仰臥在媽咪兩腿中間，媽咪握住孩子的腳踝，可以邊唱著「頭兒肩膀膝腳趾」的兒歌，帶著孩子的腳去碰觸頭、肩膀，再將膝蓋彎起來、腳掌拍拍等動作，也可以帶著孩子的手去碰觸身體的各個部位，最後將孩子擺成大字型結尾。

親子滾滾樂

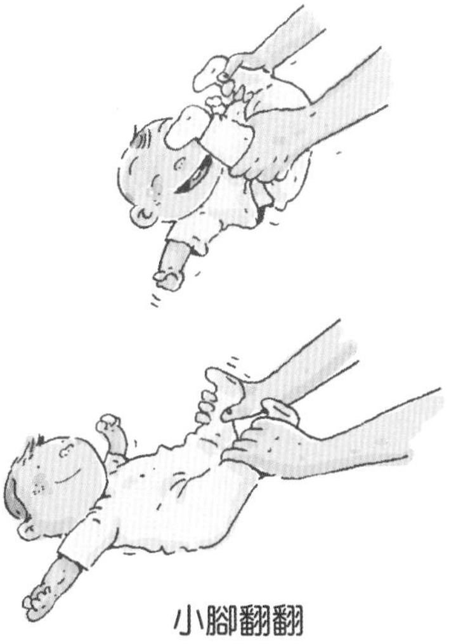

小腳翻翻

◎觸覺刷刷：藉由感覺統合觸覺刷（詳細說明請見《孩子的教養，你做對了嗎？》87頁）提供觸覺刺激，讓孩子安靜以及情緒穩定。讓孩子仰躺著，只針對四肢的背側由上往下順毛平刷，刷的時候除了告訴孩子刷的部位，也可以邊刷邊數數由1到10喔！大一點的孩子也可以一邊玩數字接龍的遊戲喲！甚至讓孩子幫父母親刷，增進親子的互動。

◎關節壓壓：坊間有許多嬰幼兒按摩的書籍，都有助於孩子放鬆入眠，父母親可以參考，但這邊要介紹的是藉由關節擠壓，提供本體覺的刺激有效地讓孩子四肢放鬆。讓孩子仰躺著，媽媽一手握住孩子的手肘，一手和孩子手掌對手掌，在手肘伸直的情況下，由手掌向手肘垂直給與壓力，重覆十次，速度快但輕，之後是對側手，然後雙腳也採取相同的方法。

❷四到六歲的大腦訓練遊戲

◎親子遊戲律動：促進孩子的全身運動，動作過程記得要慢，搭配音樂更好喔！

1.空中協力車：媽咪和孩子都仰躺著，雙腳抬高腳

感覺統合觸覺刷

關節壓壓

空中協力車

掌對腳掌，兩人的腳需要配合節奏做出伸直彎曲踏步的動作，甚或是轉圈，就像在騎腳踏車一樣。如果孩子無法配合，媽咪可以直接將手頂住孩子的腳帶著孩子做動作。

2.親子翹翹板：媽咪和孩子坐著腳掌對著腳掌，雙手牽在一起，手拉手輪流做仰臥起坐。

3.與球共舞：讓孩子趴在花生球上，媽咪協助花生球滾動，讓孩子享受慢且固定節奏之前後或左右的搖晃感覺。

4.親子伸展操：這個年紀的孩子正在運用想像力認識世界，可以引導孩子力用肢體協助揣摩，並配合孩子愛聽的故事會更好喔！例如想像自己是「傑克與魔豆」中的魔豆，本來是個小種子（孩子整個人蹲著將自己縮到最小），逐漸長大，最後成爲長到天上去的魔樹（孩子整個人伸展到最高最長），而且是棵超堅固的魔樹（父母親可以故意搧風或輕推孩子），但後來傑克砍斷了魔樹（孩子彎腰下來，手掌和腳掌撐在地板），魔樹最後也枯萎了（孩子成爲大字型趴在地板上）。

與球共舞

親子翹翹板

❸七歲以上的大腦訓練遊戲

◎親子遊戲律動：這個年紀的孩子已經上學了，坐著的時間較長，因此身體的力氣對於姿勢的維持很重要，可以在睡前的律動時間強調身體的運動。例如躺著和爸媽用腳猜拳、躺著踩空中腳踏車、陸地上游泳、或趴著丟接球等。

◎與球共舞：孩子可以自己坐、躺或趴在花生球上，自己做前後、左右搖晃或甚至是上下的震盪，享受前庭甚至是本體的感覺刺激。

◎大腦伸展操：爸媽和孩子一起來放鬆因爲上學、寫功課、辦公而緊繃的肌肉吧！記得搭配呼吸，吸氣時肚子吸到最飽，吐氣時做出「ㄨ」的嘴型（即圓唇式吐氣方式），盡量將氣吐乾淨唷！

1.看誰摸得遠：坐姿下，雙腳打開與肩同寬，膝蓋伸直，雙手盡量向前伸摸到腳趾頭（吐氣），摸到最遠的地方停留至少三秒，再慢慢回來（吸氣）。如此重複五到十次。

2.看誰長得最高：維持站姿，雙腳打開與肩同

陸地游泳

與球共舞

寬，雙手打開盡量向上伸展，甚至墊腳尖將身體也向上延展（吐氣），延展到最高的地方停留至少三秒，再慢慢將手腳放下（吐氣）。如此重複五到十次。

大腦伸展操

為什麼孩子這麼敏感、退縮？
——教出大方、有勇氣的孩子

兒童時期的互動問題，對將來社交人際大有影響

人際互動是指與他人不斷進行接觸、溝通所產生的交互影響。而孩子的人際互動受到兩種因素影響：（一）先天氣質：即爲孩子與生俱來的個性氣質，有的人天生對新事物充滿好奇、適應力好；也有另一群屬於「慢熱」型的孩子，對於陌生環境或人事物的接受速度慢、較敏感、容易退縮等。（二）後天環境與社交經驗：指的是孩子自出生後，在各種環境中與主要照顧者、家人、同儕、陌生成人等的互動經驗。日漸蓬勃發展的腦科學研究告訴我們，後者的重要性遠大於前者。

從兒童發展角度來看，孩子在不同年齡須發展的社交人際里程碑（參考左頁表），必須先與主要照顧者培養出充滿愛的依附關係、雙向的互動模式。有這些親暱關係才能建立孩子的安全感，並以此做基礎向外界探索及產生進一步的連結，其中包含對陌生情境、環境的適應、接受其他大人及孩子並與之互動、學習團體規範與適應團體要求等。二〇〇九年魯賓等學者提出在幼年期若孩子出現逃避社交活動、缺乏與同儕的互動，不僅容易產生焦慮、低自尊、憂鬱等問題，還會大大影響孩子入學後的師生關係、學業表現、

逃避上學等情形。所以家長應該接納每位孩子的氣質與能力均不盡相同，同時去觀察和了解孩子的反應，因應孩子的不同需求做出適當回應，再隨著孩子的能力發展去提供他們在各種環境下與別人互動的機會，如此便能積極培養孩子有更好的ＥＱ發展。

社交能力發展表

年齡	發展項目
0～1歲	與主要照顧者建立安全緊密的連結關係
1～2歲	分離焦慮的高峰期，偶爾能離開主要照顧者，靠近其他孩子
2～3歲	在陌生情境能與主要照顧者分開，在大人引導下能與其他孩子進行輪流遊戲
3～4歲	能與其他孩子分享玩具，遵守大人帶領的遊戲規則，與兩、三位孩子交談與遊戲
4～5歲	自動加入由大人帶領或其他孩子帶領的集體遊戲
5～6歲	能與其他孩子分工合作完成任務，會玩有競爭、比賽性質的遊戲

常見的人際互動問題

你的孩子有人際互動問題嗎？不妨勾選以下的家庭版檢核表（敏感氣質）：

孩子表現	家長檢核
1.時常抗拒與主要照顧者分開？	
2.對新的食物或玩具的接受度較低？	
3.對於感官刺激（視覺、聽覺、味覺、嗅覺等）很敏感？	
4.會避免被他人注意或注視？	
5.到陌生環境時情緒容易不安、焦慮或生氣？	
6.常逃避與不熟悉的人接觸？	
7.喜歡自己玩、不擅長與其他孩子一起玩遊戲？	
8.討厭人多的地方？	

臨床上常見部分孩子出現不喜歡與人接觸、逃避人多的場合、被碰觸時有激烈的情緒反應，對於日常生活物品（如衣物、鞋襪、玩具等）有明顯偏好，經評估後才確定孩子有「觸覺防禦」（Tactile Defenceness，簡稱TD）的情形。這是由於大腦無法對觸覺刺激做正確的處理調節，以致於孩子對觸覺刺激有過度感覺統合失調的現象，倘若此問題未被發現並處理，待孩子進入幼稚園後，便直接影響到與同學、老師的互動情形，更嚴重的話還會發生孩子拒絕上學的行爲。

臨床上常見六個月到兩歲的兒童，因爲與媽媽的分離焦慮未被妥善處理，進而抗拒與其他人的互動，有的孩子甚至延續這種情況到國小階段，嚴重影響他的日常生活與學習情形，最後被診斷患有「分離焦慮症」。因此對於敏感型孩子的上述這些情形，家長須從小對孩子進行循序漸進的減敏感訓練，根據不同孩子的個別需求，採持續、漸進式的刺激訓練，逐步減少孩子的敏感情形，如此才能有效幫助這類型的孩子建立合適的社交互動技巧。

如何從小培養孩子的人際互動技巧？

擁有良好的人際互動技巧，才能讓孩子更容易去適應團體生活、提升學習效率。而針對怕生害羞的孩子，我們更應及早開始進行社交訓練來促進孩子的適應力，那該如何培養孩子的人際互動技巧呢？

‧**建立良好依附關係**：孩子與媽媽的依附關係，將會大大影響日後孩子的社交能力，無論孩子的先天氣質爲何，家長都應該尊重孩子的個體差異。從出生後盡可能滿足孩子對愛的需求，不必擔心會因此寵壞小孩，因爲已經有許多研究證實，嬰幼兒時期的依附關係若未被滿足，會對長大後的社交技巧產生不良影響。所以只要當孩子需要你時，馬上給他眼神的交流與大大的擁抱吧！

‧**鼓勵爸爸或另一半及其他家人多與孩子互動**：從小就與不同照顧者有大量的互動接觸，孩子便能輕鬆學習與他人建立「雙向性」的互動行爲、很自然地累積人際互動經驗，對於日後與陌生人接觸時才能減少焦慮、更快適應。

‧**耐心處理孩子的分離焦慮**：分離焦慮乃爲發展中的正常過程，但由於每位孩子都是獨立的個體，因而有不同的焦慮程度。家長切記勿拿孩子與他人比較、責難孩子爲何這麼黏人、強迫孩子與大人分離，這些做法只會增加分離焦慮的強度，所需要的處理時間變得更長。正確的作法，是大人提供無條件的正向支持下，以孩子能接受的速度慢慢增加與媽媽分離的距離和時間。例如孩子不敢離開大人去遊樂場玩，一開始大人可抱或牽著孩子在一旁散步，順便引導孩子觀察遊樂場裡的人事物；隨後陪著孩子逐漸靠近遊樂場，觀看別人的遊戲；再放開孩子鼓勵他四處走動，大人漸漸地從定點不動到慢慢走動，過程中只要孩子回來要求討抱，大人除了給予擁抱外，並持續溫和地鼓勵孩子去探索環境，如此才能幫助孩子成功克服分離焦慮。

- **讓孩子經歷成功的社交經驗：**唯有成功的人際互動經驗才能幫助孩子建立信心，因此家長可利用孩子較熟悉的環境、喜愛的活動、以孩子能接受的方式，陪同孩子練習與他人的互動。例如和其他孩子一起在遊樂場坐搖搖馬、在公園騎三輪車或盪鞦韆等，利用愉快的經驗來提升孩子與他人互動的意願。
- **透過活動來穩定孩子的情緒：**敏感型孩子的情緒容易處於緊張焦慮狀態，因此家長可每天利用身體按摩、觸覺治療刷等方式來提供合適的觸覺刺激，不僅能穩定孩子的情緒，對於親子感情也有莫大助益。

兒童發展專家的腦科學育兒法

改善孩子的過度敏感，你可以這樣做

教你不同年齡孩子的一些促進人際互動的小撇步——幫助人際互動的大腦活動訓練。

❶一到三歲的大腦訓練遊戲

◎躲貓貓：大人用毛巾蓋住臉，或者躲在椅子後面跟孩子玩躲貓貓的遊戲。針對一到兩歲的幼兒，大人可躲在大型家具（沙發、椅子）後面發出聲音讓孩子來找你；針對兩到三歲的孩子，大人可躲在家中不同地點（如廁所、廚房等）、或在孩子熟悉的公園裡玩躲貓貓遊戲。

◎觸覺治療刷：大人手拿觸覺刷，刷在孩子的四肢及背部，藉此提供孩子所需要的深壓覺。刷的方向從肩膀刷到手腕、從髖部刷到腳踝、背部從肩膀刷到腰。刷的時候要施加壓力往下將刷毛壓彎，避免重複刷同一部位。每天用以上方式使用觸覺治療刷至少三次，才能有效幫助孩子減少觸覺防禦、促進情緒穩定。詳情請見天才領袖感覺統合兒童發展中心部落格影片「觸覺刷使用方法」：http://casanovabllo.pixnet.net/blog/post/47025314。

◎尋寶遊戲：選擇一個孩子較陌生的環境（如遊樂場、公園），行前先預告孩子：「等一下我們要一起去尋找寶物喔！請你帶媽媽去找溜滑梯、樹葉、樓梯這三種寶物！」再陪同孩子進入陌生環境中，四處尋找行前所約定的寶物，以此方式來

觸覺治療刷

尋寶遊戲

增進孩子對陌生環境的適應能力。一到兩歲的幼兒可選擇較大型明顯的寶物如溜鞦韆等；兩到三歲孩子可選擇與人有關的目標物，例如大姊姊的腳踏車、哥哥的球等。

❷四到六歲的大腦訓練遊戲

◎輪流遊戲： 利用家中現有的玩具（例如球、積木等），請爸爸媽媽陪著孩子或邀請其他孩子來一同玩輪流遊戲。四到五歲的孩子可由大人引導並負責發球給每個人，讓孩子與他人進行排隊輪流接球、踢球；五到六歲的孩子可挑戰當發球員，並維持遊戲的規則秩序。

◎購物小幫手： 帶孩子一起去買東西吧！大人可利用孩子想要買的物品（例如餅乾、果汁）鼓勵孩子付錢給老闆或店員。四到五歲的孩子，可鼓勵他們嘗試付錢、拿找回的零錢與發票、跟老闆道謝等；五到六歲的孩子，可挑戰向老闆詢問價錢、付錢等任務。

◎角色扮演： 家長陪著孩子練習演出，向人打招呼的技巧。四到五歲的孩子，可先從遇見老師同學打招呼的劇情開始，大人先扮演小朋友、孩子扮演老師，小朋友走近老師並看著老師說：「老師早安。」接著老師回答：「某某某你早。」

輪流遊戲

結束後大人與孩子可交換角色再演一次；五到六歲的孩子可挑戰「請、謝謝、對不起」的劇情，例如大人扮演小朋友A、孩子扮演小朋友B，A走路時不小心把B疊的積木撞倒，A向B說：「對不起！請你原諒我。」B說：「沒關係。」最後大人與孩子角色互換再演一次。

❸七歲以上的大腦訓練遊戲

◎角色扮演（邀請別人）： 家長陪同孩子練習，邀請他人一起玩的技巧。大人扮演同學A、孩子扮演同學B，A主動詢問B：「你要不要跟我一起玩鬼抓人呢？」B回答：「好啊！」A說：「那我們來猜拳，看誰先當鬼。」猜拳後實際玩鬼抓人遊戲，最後大人和孩子交換角色再演一次。

◎點餐達人： 透過去餐廳吃飯或去速食店點餐，來提供機會讓孩子練習點餐。剛開始可先讓孩子說出自己想吃的餐點（如雞腿飯）即可，之後依據孩子的進步情形，可逐漸增加點餐的數量與複雜度，例如豬排飯、鱈魚飯各一及牛肉麵一碗，藉此提升孩子對陌生人的口語表達能力。

◎老師說： 每位參加者輪流當老師、其餘人當學生。老師說出指令後，學生必須做出正確動作，老師必須找出動作不正確的學生出來暫停玩一次後，再換其他人當老師。一開始可由至少兩位大人陪同孩子進行遊戲，待孩子熟悉遊戲規則後，慢慢增加其他孩子或大人一同進行老師說的遊戲。

AQ

PART 2

冒險進取的逆境智能，培養有勇氣的孩子！

教出自信、堅強、耐挫、負責的好孩子

為何孩子不能等、愛插話？
——教出有衝動控制力、能停看聽的孩子

許多孩子容易有不能等待的狀況。例如，面對爸爸媽媽新買的禮物，總是迫不及待想要拆開來看；或是在團體遊戲時無法排隊、與其他小朋友輪流玩玩具；又或者總是喜歡插嘴，打斷別人的談話。有些孩子也因爲如此，而缺乏對於環境的危機意識，因而常做出大人禁止的動作，甚至發生意外。諸如此類，都有可能是孩子的衝動控制能力較差，因此家長觀察到孩子總是顯得急躁不安、莽莽撞撞，嚴重者甚至專注力不集中，導致學習成效低落，與同儕互動困難，久而久之，就會變成不好的習慣，甚至在成年之後出現情緒或行爲的偏差。

此外，現代科技日新月異，電子產品推陳出新，越來越快的網路，只會讓孩子更加急躁，對於等待更沒耐心。一九六〇年代，心理學家瓦特·米伽爾針對史丹福大學附設幼稚園的孩子做了一個棉花糖實驗，實驗結果顯示當孩童在四歲階段時，若有較好的衝動控制能力，則日後在青少年時期社會適應能力較佳；反觀若是自我克制能力較差者，日後易呈現有負面的情緒特質，例如易挫折、暴怒等。

衝動控制是指孩子在抑制反應上的能力，衝動控制能力差的孩子往往在無法審愼思考前，就會出現不合宜的行爲舉止。學界已有許多針對衝動克制的理論，但目前最被廣爲採納的，則認爲這是一種發生在掌

管注意力及定力的腦前額葉區，其神經傳導物質多巴胺代謝系統失調所引起的。當然，除此之外，低體重兒（小於出生體重一千五百公克）或有難產、遺傳因素、腦部損傷，或是鉛中毒、酒精中毒等因素，以及家庭教養技巧不足或親職關係不佳者，也較容易培育出有衝動特質的孩子。

衝動控制能力不佳，會有哪些情況？

你的孩子衝動控制能力不好嗎？不妨勾選以下的家庭版檢核表（衝動控制）：

孩子表現	家長檢核
1.在須輪流的遊戲中或團體活動不能等待？	
2.常常在問題尚未講完之前，就搶著說答案？	
3.經常打斷或侵擾別人？	
4.常常管不住自己的手、腳與嘴，總是想碰不能碰的東西，或說出未經大腦思考的話？	
5.會有動手打人等攻擊行為出現？	
6.總是無法仔細觀察環境，例如衝到路上，或讓自身陷入危險情境中？	
7.易粗心犯錯、情緒暴怒？	

第1至3項爲根據一九九四年美國精神醫學會出版的《診斷與統計手冊》第四版對於注意力缺損合併過動症候群之衝動特質之描述。而除此之外，第4到第7項也是常見的現象。

改善衝動特質，訓練延遲滿足

身爲家長，無疑是希望孩子能有自發的學習態度，能主動發問、創意學習。但是，當孩子因無法聽完師長的解說，或是沒耐心看完示範時，往往反而因爲衝動特質，而使孩子落入後悔懊惱的情境。在日常生活之中，如果孩子無法充分獲得環境訊息或是體察他人的情緒互動，在社交處理及問題解決方面大多就會出現不良的互動表現。而在學習的過程之中，這樣的情形也會讓孩子無法一步一腳印地跟隨師長的學習引導。

因此，除了藉由感統訓練等活動介入或是藥物治療等來協助穩定孩子的情緒及個性之外，家長也應盡可能讓孩子多接觸團體生活，培養團隊精神與以及學習分享、練習輪流等待；此外，也須以身作則，養成聆聽孩子說話的好習慣，而非以打斷孩子說話爲教養方式，如此，身教對於孩子也會有莫大的意義。也可以行爲治療方式，訓練孩子學習等待，若孩子達到目標，則給予實質獎賞方式或是集點兌換方式，甚至更高階的口頭讚賞等，以強化良好的行爲模式，讓孩子覺察到其重要性。在經由等待獲得正向的環境經驗中，讓我們的孩子不再是短視眼前立即成果，而是能享受延遲滿足、且同時能爲自己規畫生活及執行計畫。

大腦小百科

對孩子訓練延遲滿足，其實是在刺激控制衝動的「前額葉」成熟。前額葉的功能很重要，幫助孩子專助、判斷，以及決定策略等。一般來說，學齡時期的注意力缺損過動症（Attention Deficit Hyperactivity Disorder，簡稱ADHD）兒童，經常有前額葉功能不足現象，所以大腦功能的訓練，需要從小開始。

兒童發展專家的腦科學育兒法

教會孩子先別急著吃棉花糖，你可以這樣做

衝動克制能力相當重要，以下教你不同年齡孩子的一些小撇步——幫助孩子輕鬆管好自己的大腦活動訓練法。

❶ 一到三歲的大腦訓練遊戲

此階段由於孩子年齡較小，故盡量以親子互動遊戲爲主，過程中培養出孩子輪流、等待的行爲特質。

◎小指印動物： 由家長陪同一起玩蓋指印的遊戲。在遊戲規則裡須告訴孩子，由孩子負責蓋小指印，孩子蓋完小指印之後，須等家長畫出小指印動物，才可再蓋下一個指印。當然，若孩子年齡較大，也可與家長角色對調，由家長蓋指印，孩子完成畫作。

◎驚喜123： 與孩子玩驚喜盒遊戲。即由家長與孩子輪流搜尋家中的物件（當然家長須與孩子約定只能拿哪些物品），一次一樣放入一個不透明小盒子中，放入之後須蓋上布，以避免對方察覺。接著可以請對方猜一猜、搖一搖、或是摸一摸，猜猜裡面有什麼。最後，孩子與

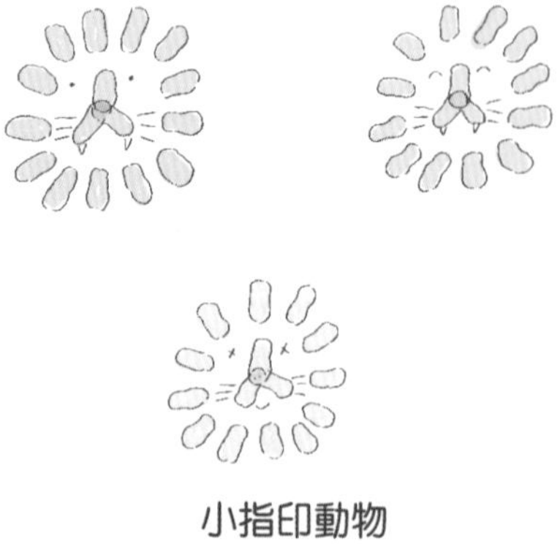

小指印動物

家長一起倒數「3，2，1!surprise!」拉開布揭開謎底。此活動除了可以訓練孩子在猜禮物時的感官知覺敏銳度，更重要是讓孩子學習等待，無論是當孩子做爲猜測者，或是當父母做猜測者時，因爲此時許多孩子就會克制不住，忍不住向父母透露「驚喜」是什麼了！

◎小動物在哪裡：可將多種類型的圖卡混合（初時可以兩種，如動物與食物，之後可以加入第三種，如交通工具等），接著告訴孩子，等一下媽媽會一張卡片一張卡片翻開，如果翻出的圖卡有小動物時，就要在小動物身上壓一下。而當孩子能力越來越好時，家長除了可以加快翻牌速度，也可以請孩子對兩種不同類型圖卡作出不同的反應（如拍拍手與摸摸頭），以加強孩子自我克制的能力。

❷四到六歲的大腦訓練遊戲

◎「媽媽說」遊戲：此年齡的孩子理解能力較好，因此可以和孩子以「媽媽說」或「爸爸說」的遊戲來完成指定動作。例如配合「媽媽說」或「爸爸說」等指令，來指出自己的眼睛、媽媽的肩膀等，也可以增加難度，例如將手舉高、眼睛閉起來等，以培養孩子在衝動控制的能力。

◎我跑你就跑：遊戲方式爲告訴孩子，若爸爸媽媽開始向前奔跑時，孩子也要立刻開始奔跑，若家長停下來，孩子也要立刻停下來。因此，除了可以訓練孩子觀察模仿的能力，以及身體即停控制能力之外，家長也可以以假動作來訓練孩子衝動控制的能力。

◎球球怎麼丟：準備不同顏色（例如紅、藍色）的兩顆球、彈珠或是沙包，規定在互相丟球的過程之中，藍色的球要向上拋給對方，而紅色的球要用滾的給對方。在互相丟接球的過程一開始，孩子就需要不斷注意球的顏色及動作的改變，並且避免玩得太興奮所造成的錯誤。如果孩子能接受更多的活動元素，三個人／三顆球，或是更多人更多球的順時針／逆時針丟接遊戲，都是可以靈活運用的。如果空間不大，可以改成在桌面上使用彈珠或是沙包，也是不錯的選擇。

❸七歲以上的大腦訓練遊戲

◎心臟病遊戲：讓孩子以撲克牌做訓練，當輪流翻牌及喊數字時，遇到同一數字時須立刻蓋牌；而若孩子各方面能力均有進步時，也可以進行難度較高的活動。即除了數字相符之外，也可以規定當翻牌翻出某種花色（或顏色）與數字的紙牌時才可蓋牌，以更進一步訓練孩子的衝動克制能力。

◎改編剪刀石頭布遊戲：改變剪刀石頭布的遊戲規則方式，即一般的剪刀石頭布是利用手勢來決定輸贏，在衝動控制的活動之中，可以加入其他的條件，例如：讓孩子慢出一點點，但是要想辦法輸給父母。當然，也可以每次都改變指令，第一次是要輸，也許下一次就要變成贏過對方。

◎聽聽看木頭人：此運動如同一般的1、2、3木頭人，但口令提示方式則可改以音樂聲或視覺提示，例如當出現沙鈴聲代表繼續移動，鈴鼓聲則代表動作停止；或是當拿綠球時代表繼續移動，當紅球出現時代表動作暫停，此方式除了可以訓練孩子的衝動克制能力之外，也可以訓練其專注力轉換及刺激源的辨別能力。

為何我家小孩輸不起，非得贏或拿第一不可？
——教出有挫折忍受度、不會耍賴的孩子

在孩子的成長過程中，適度的挫折與壓力能夠激發孩子的成長。受挫折是孩子必經的成長體驗，就跟感冒一樣，曾經感染過才會有抵抗力，更能提高環境適應力。父母在孩子成長的過程中，最重要的角色是幫助孩子度過失敗的經驗，從中學習，讓孩子了解不論他的表現是否如何，並不影響父母親對他的關愛跟注意。

孩子對挫折感或無力感的相信與認知，是由後天學習得來的。孩子面對困難或失敗時，若經常給自己負面評價，容易失去自信心，轉而採用放棄和逃避的態度。因此，在孩子經歷失敗或挫折時，家長應避免直接挑剔孩子的過錯，不要將焦點放在失敗或成功上，重要的是孩子在過程中的嘗試與付出，讓孩子明白「凡是盡力而爲」即可。試著跟孩子解釋，這次的經驗並不代表能力，只是經驗的累積，從中培養孩子不怕輸的心理！現代教養，最怕的是父母給了孩子一個「不會跌倒」的環境！

理解孩子的好勝心，才能對症下藥！

兒童心理學家認爲，有耐心等待、不會事事立即想要獲得回饋的孩子，挫折容忍力及成功的機會也會

相對較高。孩子難免會為了無法被立刻滿足的需求而哭鬧不休，父母應該要有耐性，除了讓孩子有機會發洩情緒，也要理性跟孩子們溝通，幫助他們理解爸媽不是不給，而是等一下下。這種觀念經過日積月累的建立，孩子難以處理的好勝心自然會大大降低。學齡前三到六歲的孩子已經有能力運用某些策略來自我控制了，這時正是教導孩子的關鍵時機。由於小小孩生活中的挫折幾乎都跟需求很高但無法滿足有關，所以當孩子對某件事過於執著，爸媽不妨試著用另一件孩子感興趣的事情來轉移他的注意力。

五歲以上的孩子，要想增進挫折忍受力，增加生活體驗，以大量團體遊戲來跟父母雙向溝通是很適合的輔助方法。有些父母會在跟孩子遊戲時，刻意讓孩子贏；漸漸地，孩子在這種教養下就少了很多輸的經驗，更別談「認輸」並檢討過程這件事了！家長可以在合適的範圍內設計讓步，不必刻意每次都輸給孩子，將孩子的輸贏比控制在四（輸）比六（贏）左右，讓孩子從遊戲中得到成就感、自信心及學到團體規範。

常見的兒童挫折忍受度低問題

你的孩子有耐挫力低的問題嗎？不妨勾選以下的家庭版檢核表（挫折忍受度）：

孩子表現	家長檢核
1.當事情不是照著孩子的意思進行時，容易產生生氣的情緒，而且不容易平復？	
2.無法等待或接受時間的限制完成事情？	
3.面對挑戰時，總是很快地逃避或放棄？	
4.很愛指揮所有人，如爸爸、媽媽、同學等，不喜歡接受指揮及控制？	
5.喜歡說自己什麼都會，自我感覺良好，但大多只是說說，卻不願意做？	

學習如何面對挫折、迎向挑戰，享受成就感

孩子學習自我控制的過程，與孩子對日常生活中的自我感覺及挫折感有很密切的關係。孩子需要幫忙與練習，去經驗並且建立自我的挫折忍受度。最好的練習或經驗方式爲，在不傷害任何人、事、物的情況下，提供孩子做選擇或決定的機會，幫助孩子學習面對自己做決定的過程及結果，而且不論結果的好壞，都尊重孩子的選擇及決定。

家長可以建立階段性的目標，創造稍具挑戰性的活動，讓孩子花十五到二十秒去完成，進一步忍受過程中的挑戰，享受成功後的成就感。鼓勵孩子的依據爲孩子付出多少的努力，而非針對此活動或目標的完

成度。這個階段家長可以選擇較具挑戰性的活動，讓孩子須付出較多的努力，花較長的時間，或許只有成功一小步，未必完成此活動，此時家長應對孩子多付出的努力加以鼓勵。一旦鼓勵能夠正向增強孩子多餘的努力，孩子在過程中體認或學習到的挫折忍受力，即可獲得適當的消化而有所進步。

兒童發展專家的腦科學育兒法

教出孩子的挫折耐受力，你可以這樣做

❶一到三歲的大腦訓練遊戲

◎堆積木：家長可以帶著孩子一起玩積木，教孩子把積木堆高，積木總有倒的時候，孩子在推倒積木和疊積木的過程中，能夠有機會享受成功的喜悅和挑戰的情境。

◎連連看：利用不同動物、物品的命名或特徵辨識遊戲，讓孩子在正確地辨別不同物體的同時，可以積極嘗試錯誤。過程中，錯誤的指認，家長可以以正向的情緒鼓勵孩子繼續下一個配對或猜測，讓孩子在遊戲中獲得經過失敗後成功的經驗。

◎形狀配對：陪孩子一起玩形狀配對的玩具，在將不同形狀的積木嘗試配對，放入正確的形狀框的過程中不斷嘗試錯誤，可以增加孩子的挫折忍受力。

❷四到六歲的大腦訓練遊戲

◎競賽遊戲：我們來比賽，比的是誰把玩具收得最整齊，不是收得最快喔！家長可以多找機會跟孩子進行過程做好的遊戲，而少玩時間競爭或手足競爭的遊戲，有利生活習慣養成，及指令理解與遵從。

◎拼拼圖：四歲的孩子可完成八片拼圖，家長可以透過拼圖，培養孩子的耐心及挫折忍受度。可以從簡單的四片拼圖開始，慢慢進階到八片。

❸七歲以上的大腦訓練遊戲

◎故事時間：家長可以利用繪本，以說故事的方式教導孩子學習接納挫折和自己的情緒。這個年紀的孩子生活中的挑戰逐漸增加，家長應以同理的方式鼓勵孩子面對下一次的挑戰。

◎拼拼圖：八歲的孩子可以獨力完成二十片以上的拼圖，甚至可以進階到立體拼圖或多面的拼圖等。拼圖的練習不但可以增加孩子的挫折忍受度，對孩子情緒力、專注力及耐心的培養也都有正面的影響。

形狀配對

◎你在看我嗎：家長可以帶著孩子跟三、四個孩子一起玩，大家一起輪流說出自己的三個缺點和三個優點，讓孩子有機會了解自己也了解別人，發現每個人優缺點不同，在不同的領域會有不同的表現，不見得每種表現都要跟別人比較，贏過他人。

你在看我嗎？

不要當低張力的「麻糬熊」

——教出好體格、好姿勢的孩子

孩子總是站沒站相、坐沒坐相？孩子總是有得靠就靠、有得躺就躺？或是孩子總是一副彎腰駝背的模樣，老是顯得毫無生氣、有氣無力？當然，上述這些可能和孩子本身的習慣不良或是當下的情境有關，但更重要的，或許和孩子本身的肌張力具有相關性。

肌張力在醫學定義上是指在肌肉放鬆時，能對抗外力的能力，意即在放鬆狀態時是否能抵抗外在作用力，例如重力因素等。因此肌張力乃指維持身體姿勢及動作的基本能力。正常的肌張力，可以讓我們隨心所欲地做出或從事所要的動作，但若肌張力異常，則往往容易有動作啓動或持續上的困難。張力偏高的孩子，全身肌肉均較緊繃，嚴重的甚至會有肌肉緊縮或是關節攣縮現象發生；而張力偏低的孩子，則全身均較軟，有些甚至有韌帶過鬆的現象發生。

一般而言，低張力的孩子，往往全身均較軟，故在握筆書寫上，除了握筆姿勢容易錯誤之外，也較一般孩子容易抱怨寫字畫圖時手會痠；而在姿勢控制上，當坐在地板上時，常會以W坐姿（w sitting）方式呈現，此方式雖然會使孩子覺得坐姿較穩，但相對卻容易使下肢關節韌帶更鬆，或是發生關節變形；在站立時，則多會雙腳較開（wide base）、膝關節向後頂（back knee），甚至會合併腹部腰椎過度前凸

（hyperlordosis）及胸椎駝背（kyphosis）的姿勢，嚴重者在行走時甚至會有內八步態出現，此姿勢雖然對孩子而言是一個省力的站姿，但卻容易使控制軀幹的核心肌群更加無力。

此外，低張力的孩子因肌肉活化速度較慢、耐力較差，因此往往反應速度會較慢，且比一般孩子容易疲乏；又或是一般學齡孩子在上課時可以端坐聽講，但許多低張孩子卻會因爲身體較軟無力，因而一直改變姿勢、扭動身體，不只容易讓老師誤解爲過動的表現，也容易干擾其學習專注能力。諸如此類，均是張力偏低的孩子常表現出來的癥象。

麻糬熊孩子的特徵

你的孩子站沒站姿、坐沒坐姿嗎？不妨勾選以下的家庭版檢核表（身體姿勢）：

孩子表現	家長檢核
1.經常坐沒坐相、站沒站相，能躺就躺，能靠就靠？	
2.常常彎腰駝背，姿勢不良，很沒精神的感覺，例如站著時會挺著一個大肚子，雙腳膝蓋向後頂？	
3.坐在地上時，雙腳容易呈W型姿勢？	
4.身體活動量較低，感覺上全身均很無力，例如走路運動不久就容易喊累，或是以橡皮擦擦作業本常常擦不乾淨，又或是連自己的書包都提不動，需要大人幫忙？	

錯誤站姿

5.須一直改變姿勢或方式以完成活動？	
6.只喜歡吃軟的食物，如蔬菜葉、粥、煮得很軟的肉類，或是只喜歡吃軟糖？	
7.口腔動作控制不佳，說話含糊不清，甚至口水直流？	

錯誤坐姿

適時給予刺激誘發，讓麻糬熊大變身

面對低張力的孩子，家長可以在日常生活上隨時給予體能活動，以提升其肌耐力。例如鼓勵孩子以爬樓梯取代坐電梯，讓孩子自己背小書包或提小提袋，增加身體負重的能力，或是鼓勵孩子幫忙夾曬衣夾或扭毛巾等，以訓練孩子的手部小肌肉力量。而家長也須留意孩子是否有低張力合併關節過動症候群（注），此現象代表孩子除了全身肌張力偏低之外，全身多處關節的穩定度也不足，因此須適當提升孩子的肌張力，並且留意在活動過程中應避免關節韌帶的扭傷。

而在食物材質上，也應適時鼓勵孩子嘗試不同口感、須稍微咀嚼的食物。如在煮好的粥裡加一些小肉塊（可先以材質較軟、纖維較細的魚肉開始），或是在零食點心部分，選擇較硬的餅乾或較軟的魷魚絲條等，均可達到口腔訓練功能。當然，低張力的孩子也應避免攝取過多甜食，有時可給予孩子少許的檸檬水，以加強其口腔肌肉閉合功能；另外，由於低張的孩子活動量較低，家長更須留意孩子的體適能狀況，避免孩子因爲體重過重而導致更不喜歡運動的惡性循環發生。

此外，除了藉由一些簡易的居家活動執行，慢慢改善孩子低張力的問題之外，家長也須定時與學校老師溝通，一同留意孩子在姿勢上的控制是否正確。例如，當孩子坐在地板時，可以鼓勵盡量雙腳盤成環形或是兩腳伸直打開即可，也可以給小板凳使其端坐其上等，均是簡易可執行的方式。低張力的孩子，多半是先天性遺傳問題，他們並非故意偷懶不想動，而是生理狀態使他們不容易達到對一般孩子的要求。但只要適時地給予刺激誘發，一樣可以減少低張力帶來的影響，讓孩子能快樂順利成長。

（注）關節過動症候群，指孩子的關節韌帶較鬆。家長可透過以下表格自我檢測：若你的孩子得分高於**五分**以上，即代表孩子的關節韌帶較鬆弛，其日後發生關節、韌帶扭傷機會較高。

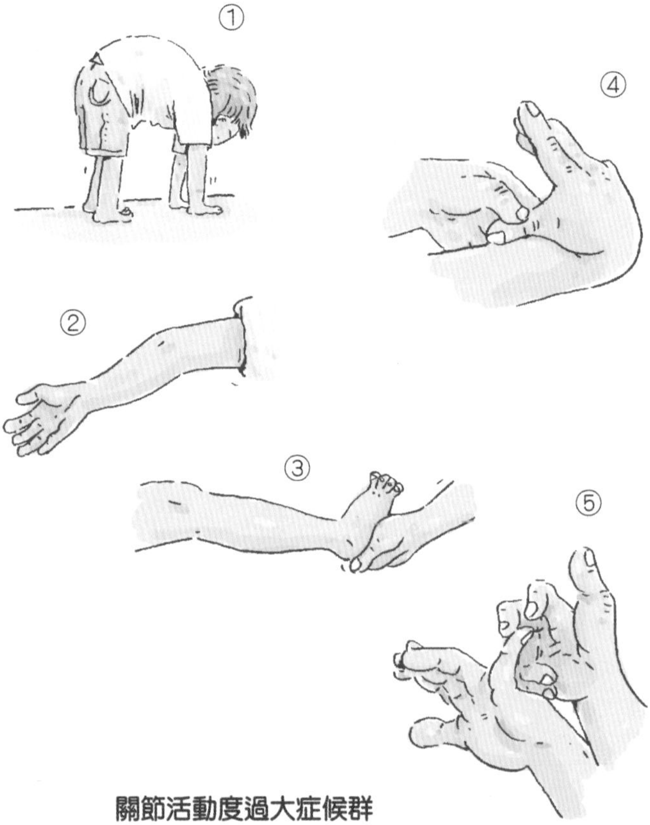

關節活動度過大症候群

項　目	分數
① 可站直身體前彎時手掌碰地，且膝蓋不彎曲	1
② 雙手打直時，有肘關節外翻的情況	2
③ 站直的姿勢下，雙膝有過度伸直且向後頂的狀況	2
④ 單邊手掌放鬆時，用另一手將大姆指往前臂腹側扳，且可碰到前臂腹側，得一分。兩手情況相同得兩分	一側1分 兩側2分
⑤ 小指是否彎曲到可與手呈90度？	一側1分 兩側2分

兒童發展專家的腦科學育兒法
教出孩子的好姿勢，你可以這樣做

肌張力的正常對於孩子各項度的發展相當重要，以下教你不同年齡孩子的一些小撇步——幫助孩子輕鬆戰勝麻糬能的大腦活動訓練法。

❶一到三歲的大腦訓練遊戲

◎跳跳壓壓球：將孩子抱坐於大球上，給予上下彈跳方式，藉由本體覺及前庭覺的誘發。來強化孩子的肌肉張力。注意，若孩子的頭部控制不佳，建議執行此運動前先詢問專業人員，以避免頸部傷害發生。也可讓孩子以四足跪姿，跪於球上，除可藉由壓力覺誘發關節本體覺以改善肌張力外，也可藉由球面的不穩定來增加身體的穩定能力。

◎小牛耕田遊戲：可讓孩子進行小牛耕田運動。即以手撐地行走，家長協助支撐下身，可自腰部開始給予支

跳跳壓壓球

撐，此方式運動難度較低；若孩子能力較好，則可支撐遠端足踝部。藉由本體覺及前庭覺的刺激來改善孩子的上肢與軀幹肌張力問題。

◎聖誕老人進城囉：可讓孩子坐於大毛巾上，先提醒其坐穩之後，由大人輕拉毛巾，鼓勵孩子端坐在毛巾上，不可傾倒。過程中可搭配聖誕節歌曲，配合歌曲的唱唱停停，讓孩子學習穩定身體，以加強孩子軀幹控制能力。

❷四到六歲的大腦訓練遊戲

◎麋鹿拉雪橇遊戲：同「聖誕老人進城囉」，但建議由兩位家長一起陪同練習，由孩子與一名家長扮演麋鹿，另一名家長扮演聖誕老人坐在毛巾上，訓練孩子拉毛巾，在拉毛巾的過程中由刺激本體覺來加強全身肌群同時用力的能力。

◎小手抓抓樂：在手部肌力訓練上，則可讓孩子抓握黏土、以食指拇指對掌方式拿曬衣夾夾彈珠、或是黏貼小貼紙等，均可加強孩子的手部肌力，避免日後握筆姿勢錯誤的發生。

聖誕老人進城

小手抓抓樂

麋鹿拉雪橇

◎相撲小選手：可與孩子兩人面對面，與孩子雙手對掌，進行類似相撲選手互推的動作，動作時強調雙腳須黏在地上，不可移動，以訓練孩子全身肌力活化能力。

◎倫敦鐵橋：可讓孩子以腹部朝上，雙手與雙腳反向撐地方式模仿小桌子，進行前、後、左、右移動，此運動有助於提升孩子的軀幹及頸部控制，同時可加強上肢及下肢的支撐穩定能力。

❸七歲以上的大腦訓練遊戲

◎小海狗遊戲：可讓孩子趴於地上，僅以手支撐身體，雙腳放鬆，模仿海狗姿勢。以手用力前行，以強化孩子上身支撐穩定能力。

倫敦鐵橋

小海狗遊戲

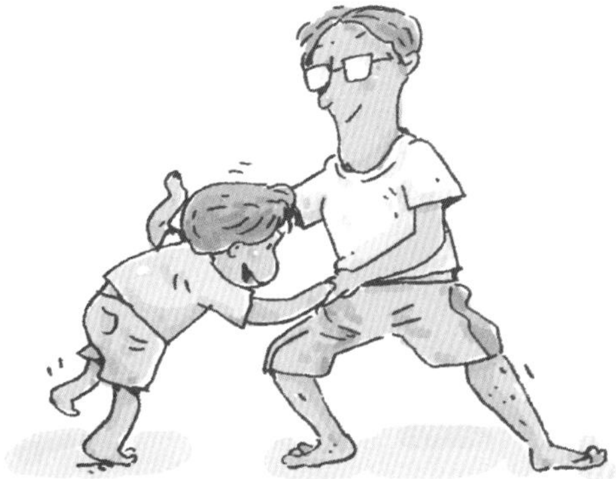

相撲小選手

◎蜘蛛人貼：當孩子站立時，須鼓勵他盡量挺直腰背、收小腹，若孩子可配合想像，也可假想自己是個小木偶，自頭頂有一條透明的線將自己向上拉挺。若孩子無法了解，也可使孩子貼牆站，保持腳跟靠牆，腰部保持一個小拳頭的弧度，收下巴，藉由牆面給的回饋，讓孩子知道自己是否姿勢不正確。

◎跳繩訓練：較大的孩子，可鼓勵其跳繩或與家長合作玩「小皮球」，藉由下肢重複性的承重刺激以強化下肢肌力；也可鼓勵孩子吊單槓，以訓練孩子上肢及上身軀幹的肌力，若孩子能力尚未成熟，家長可輕扶助下身，以使活動難度降低，讓孩子較容易完成。

蜘珠人貼

跳繩訓練

靜不下來的「跳跳虎」
——教出動靜皆宜、愛思考的孩子

在幼兒階段，孩子原本就容易對各種新鮮事物產生好奇心，藉著東摸摸、西碰碰來提升認知功能以及動作控制。許多父母看著孩子每天跑來跑去，一刻不得閒。但是倘若這樣的特質一直持續下去，而未給予孩子有效的介入與處理，孩子往往在學齡前就會出現干擾學習的現象。我們的孩子因爲社會的變遷及環境的改變，已經無法藉由廣大的空間來獲得充分的練習或是活動操作的機會，因此精力充沛、充滿探索求知欲望的孩子正期待從環境之中獲取大量的感覺刺激及運動經驗，但卻因爲外在的限制無法如願。在孩子的生活之中，水泥叢林取代奔跑的曠野，而侷限的紙本作業排擠了實作的活動參與。然而，孩子在這樣的環境互動之下，極度渴求成長原料——活動刺激，所造成的結果便是以躁動不安來搜尋感覺刺激。

因此好動的孩子展現出來的一面永遠是急急忙忙、精力充沛，而除了表現出高活動量的特質之外，許多孩子還容易有衝動控制不良、專注力不集中、運動協調障礙等。除此之外，過動的特質，也讓許多孩子在學習上有障礙，在團體間有人際互動不良等現象，青少年時期甚至容易有自我成就低落、自卑感過重的心理層面問題存在。因此父母親若一味地以言語禁止孩子探索環境，或是認爲孩子長大了就會好，無疑是本末倒置，無法有效改善孩子的問題。

過動孩子的特質有哪些？

你的孩子是隻跳跳虎嗎？不妨勾選以下的家庭版檢核表（過動兒童族群）：

孩子表現	家長檢核
1.在座位上經常手腳動來動去或身體不停扭動，顯得侷促不安？	
2.在上課時或其他須好好坐在座位上的場合裡，時常坐不住而離開座位？	
3.常常在不恰當的場合裡四處奔跑或攀爬？	
4.無法安靜地好好玩或聽講？	
5.沒有辦法持續做一件事而換來換去？	
6.時常不停地說話？	
7.容易干擾別人？	
8.活動量大，很難從事靜態活動（非指看電視、玩電動等遊戲；而是指從事較少聲光刺激的活動如看書、拼圖等）？	
9.肢體協調不佳，易有跌倒、絆倒等狀況發生？	

第1至6項爲根據一九九四年美國精神醫學會出版的《診斷與統計手冊》第四版對於注意力缺損合併過動症候群之衝動特質之描述。而除此之外，第7到第9項也是常見的現象。

大腦小百科

過動的原因目前尚無定論，但多數主張認爲是與腦部功能異常有關，即腦分泌的多巴胺製造量相較於一般人偏低，或是其腦部接受器異常，導致大腦無法有效篩選進入大腦中的訊息，因此造成缺乏行爲控制的能力，進而產生過動及衝動的症狀。此外，影像學部分也有研究認爲或許與腦結構異常有關，如過動的孩子其胼胝體、基底核及右大腦前上白質區較一般孩子小；或是額葉紋狀體之活動比正常孩子低，尾狀核之血流量也較低，如此造成負責「抑制」的能力不足時，過動、衝動便伴隨而生。而其他如基因遺傳因素、毒物影響、或腦神經疾病等也會使孩子管不住自己，而有過動現象出現。

適當的運動和溝通，讓跳跳虎定格

後天社會環境因素，雖然不是造成過動的原因，但卻可能強化此病症。例如接觸過早或接觸過多電視、電腦，食用過多人工色素或甜食，暴力管教或是溺愛管教方式等，皆可能使孩子過動現象越趨明顯。一般而言，適當的運動和行爲引導通常可以改善孩子的部分問題，若是較嚴重的孩子在輔以藥物控制，加上感覺統合與行爲規範介入後，通常也有不錯的成效。因此家長除了要正視孩子的問題，加強親師溝通之外，也可鼓勵孩子藉由規律的戶外運動來改善症狀，此外，足夠的睡眠，對於孩子的情緒穩定也相當重要，而甜食與過多聲光刺激（如電視、電動等），也應敬而遠之。家長也應與孩子養成每日溝通的好習慣，多聽聽孩子的想法，避免因缺乏溝通產生的暴力管教與激動言詞，使孩子模仿學習，反而造成負面效果。在適時的活動引導下，配合家長的正確教養觀念，讓過動的孩子能調控自己，適應環境，慢慢的就能勝任靜如處子、動如脫兔的各種任務要求。

兒童發展專家的腦科學育兒法

增加孩子活動量調整能力，你可以這樣做

修正過動行爲的能力相當重要，以下教你不同年齡孩子的一些小撇步——幫助孩子輕鬆控制自己的大腦活動訓練法。

❶一到三歲的大腦訓練遊戲

◎搖搖擺擺：對於較小的孩子，可藉由父母擁抱與固定頻率及方向的搖晃來使其情緒穩定下來，或者將孩子置於大毛巾被上，將毛巾兩端提起，輕輕地規律搖晃，以減少孩子躁動的情緒出現。

◎音樂律動：許多過動的孩子容易有肢體協調不佳的問題，因此可以輕快的兒歌，帶著孩子做出肢體動作。如轉轉頭、拍拍手，摸摸腳、踏踏步，或是配合歌曲節奏，帶出孩子轉身、彎腰等身體的大動作，除了可以訓練孩子的節奏感外，也可以培養其肢體協調能力。

◎你是我的鏡子：一般而言，模仿動作的出現是孩子開始學習

搖搖擺擺

音樂律動

的基礎，六個月大的嬰兒已經開始出現模仿的行爲，動作也許不精準，但孩子與家長的互動卻已開始。因此可以從最簡單的臉部模仿開始，如擠眉弄眼、嘟嘴張嘴等動作開始，接著進階至肢體上的模仿，模仿順序可先由較容易的單側肢體模仿開始，再進階至雙側肢體，或合併上肢下肢與軀幹的動作，而動作內容則可由對稱性運動開始，再進階至非對稱性運動。活動過程中，須提醒孩子不只模仿的動作要精準，動作出現的時間也盡量須與家長一致。在模仿過程除了可以增加孩子的動作計畫能力，提升學習專注力外，也可藉由慢速的動作改善孩子躁動的現象。

❷四到六歲的大腦訓練遊戲

◎聽節奏踏步訓練：可先讓孩子配合音樂節奏原地踏步，隨著節奏的快慢，鼓勵孩子盡量跟上。此訓練目的爲鼓勵孩子內建出律動感，以學會自我克制的能力。

◎支援前線：可以童軍繩固定於兩張椅子中間，可藉由固定位置的高或低，讓孩子跨越、蹲著或是匍匐通過繩索，在通過的過程中，不可勾到或碰觸繩索，也可在繩索一端綁上鈴鐺，以鈴聲提醒孩子是否順利過關。此運動目的爲訓練孩子對於身體在空間中的概念，以增進其肢體協調與控制能力。

支援前線

◎平衡高手：許多孩子容易因躁動而平衡功能較差，甚至常常帶傷回家，因此可藉由平衡功能訓練，如向前或向後走直線，腳尖對腳跟前進或後退，交叉側走等，都可以有效訓練孩子的平衡能力。

❸七歲以上的大腦訓練遊戲

◎身體密碼／注音猜謎：利用孩子的身體動作來進行活動。例如在複習功課時，若孩子已經開始躁動，與其讓孩子厭煩學習，倒不如換個方式。可以讓孩子起身，利用身體做出（或寫出）數字或注音符號來取代以往的複習方式。這樣的過程可以讓孩子學習得更快樂、記憶更深刻，並且讓孩子獲得調控自己的感覺統合刺激。

◎跨越中線：訓練孩子在活動中，了解並執行身體或雙手左右交換的動作。例如：本來是左手出剪刀，同時右手出布。數到三就要立刻變成右手出剪刀而左手出布。當然，也可以利用整個身體來進行活動，像是本來是鼻子向左邊的大象姿勢，數到三就要馬上變成鼻子向右的大象。

◎心靈捕手：心中讀秒——自我活動量覺知。利用小時鐘或計時器，讓孩子先跟著小時鐘數一數秒數，在讓孩子閉起眼睛在心中默數一段時間，例如十秒鐘，同時讓孩子在覺得十秒已經到時按下計時器。當然結果會直接地顯示在孩子按下的時間上，活動中可以讓孩子體察到自己現在是焦躁得太快了，還是慢吞吞地讓時間偷偷溜走。

平衡高手

為何孩子做事慢吞吞，沒興趣學習？

——教出負責積極、反應快的孩子

是否常聽到身邊的家長催促著孩子「快一點」？是否常看到家長拖著孩子急急忙忙地出門？身爲家長的我們常常會有一種體驗，即使已經快來不及了，我們的孩子還是不疾不徐，讓我們有一種「皇帝不急、急死太監」的感覺。我們也不想當孩子的便利貼，隨時在孩子身旁耳提面命，贏得老媽子封號；更不想每天一大早就匆匆忙忙地把孩子打包出門，放學回家之後還宛如打陀螺般團團轉，趕進度、追時間，就爲了能準時將孩子送上床睡覺。

其實，多數的時候是因爲孩子需要做快速反應的經驗被我們搶來做了，所以讓孩子不知不覺養成什麼都不在意的習慣。孩子在成長的過程之中有許多「快速反應的機會」，例如：當孩子開始學習戒尿布時，孩子勢必要經驗「來不及」與「體會來不及的後果」，所以當體驗過「來不及」的後果時，下次再有同樣的過程出現，動作自然就會快一點。又或者孩子進餐時速度過慢，許多家長怕耽誤到家務處理或孩子的學習、休息時間，所以往往會不由自主地代勞，如此一來，不只剝奪了孩子學習上的經驗，孩子也不認爲把握時間吃飯是件正確的事。

因此，當問題出現在這些需要快一點的時候，成人因爲有比孩子更好的情境判斷及時間觀念，所以常在孩子體驗到需要加緊腳步之前就開始催促，甚至動手幫忙。孩子自然無法經驗這樣的過程，也無法有來不及的感覺，更會把父母師長的幫助視爲當然。由於家長的一手包辦，許多孩子在面臨有時間壓力的情境時，往往無法做出適當的反應，導致親子關係更加緊張，隔閡更加嚴重。

凡事無所謂的孩子，有哪些症狀？

你的孩子凡事都無所謂嗎？不妨勾選以下的家庭版檢核表（反應速度）：

孩子表現	家長檢核
1.不管是吃飯、洗澡或是出門等，孩子總像個慢郎中，東摸西摸，來不及也沒關係？	
2.常常掉東掉西，對於自己的東西並不清楚，面對家長的提問總是一問三不知？	
3.對於自行準備學業用品或是課堂成績的表現，常常顯得毫不在意？	
4.反應速度較慢，許多時候總要過一下下才有反應？	
5.爸媽要唸很多次或生氣，孩子才有感覺？	

透過遊戲訓練，提升孩子的積極度

事實上，這種凡事毫不在意習慣的養成，除了與孩子本身的氣質有關，絕大多數也與家長教養方式有關。打罵教育、溺愛管教，絕對都無法讓孩子正確學到自行承擔「來不及」造成的結果。因此，身爲家長的，應學著將自己的步調放慢一點，多預留一點彈性時間給孩子，容許孩子在合理範圍下犯錯，並同時向孩子解說錯誤造成的結果；而這些錯誤的經驗，對於孩子而言，都是相當寶貴的學習機會。此外，有些時候也應換個角度看看孩子、欣賞孩子，不疾不徐的孩子看似動作緩慢，會不會其實是照著自己的節奏與原則在做事情？對分數毫不在意的孩子，生性是否就較開朗樂觀？

當然，過度我行我素也非好事，畢竟孩子也仍須融入社會，接受團體生活。因此在過與不及之間拿捏的分寸就相當重要。所以除了家長態度的調整，生活規範的建立之外，也可以透過一些遊戲訓練，來提升孩子的應變速度，增加孩子快速反應機會，讓孩子可以改掉做事慢吞吞、一切無所謂的壞習慣，也可以保有自己性格中的正面特質。

兒童發展專家的腦科學育兒法

教出負責積極的孩子，你可以這樣做

培養孩子對自己負責的能力相當重要，以下教你不同年齡孩子的一些小撇步——能幫助孩子輕鬆對自己負責的大腦活動訓練法。

❶ 一到三歲的大腦訓練遊戲

◎身體指認：面對較小的孩子，也可以由家長說出指定身體部位，如眼、耳、口、鼻、肩膀、腳丫等，請孩子快速指認。在過程中，除了訓練反應速度外，也可以加強身體部位的認知。

◎音樂遊戲：父母可以和孩子一同選一首歌，利用鋼琴或是多媒體的遊戲軟體，來個不一樣的多手聯彈。孩子負責幾個音階，而家長也負責幾個。爲了彈出一首歌，孩子需要立即反應是否輪到自己及隨著音樂的快慢進行。在彈的同時也可以用手機或是其他器材錄下來，讓孩子聽聽看成果，更可以增加孩子對於反應速度的掌握。

◎滾滾球遊戲：父母可以與孩子面對面坐於地上，配合音樂將球滾給孩子，請孩子接住，接著再請孩子將球滾回給家長，若孩子能力較好，也可以彈跳小球方式遊戲，以訓練孩子更快的反應速度。

❷四到六歲的大腦訓練遊戲

◎喜從天降：簡單的向上拋接球活動。家長可以和孩子一同挑戰，在向上拋出到接住球的中間可以拍幾下手，並且和孩子一起挑戰從好不容易拍了一下到可拍很多下。可以隨著孩子的動作能力或環境的不同而調整活動。

◎閃躲高手：此運動可以小沙包或是塑膠小球等輕巧物

滾滾球遊戲

件取代，由家長將小沙包或塑膠小球輕扔向孩子，孩子必須站著快速移動或是在地上側滾移動，不可被擊中。

◎簡易版記憶體操：告訴孩子若聽到水果名稱時，孩子就拍一手；若出現交通工具時，孩子就站起來。家長一次說出一系列物品，看孩子是否有做對。隨著孩子能力進步，再漸增至三種指定動作，此運動除了訓練孩子反應能力外，也可以訓練其記憶功能。

❸七歲以上的大腦訓練遊戲

◎進階版記憶體操：準備一張寫著不同數字、符號對應動作的紀錄紙。例如：1是蹲下，2是拍手，3是轉一圈……＋是摸頭，－是跳一下……和孩子一起比賽誰先做完題目指定的數字串。例如：看誰先用數字所對應的動作，做完家裡的電話號碼，或是先做完2的九九乘法表。當然，我們會用一些技巧讓孩子試著加快速度，例如：我們先和孩子同步的進行活動，然後在僅僅領先一點點的速度，讓孩子不知不覺地跟上我們。

◎兔子側跳：與孩子面對面，告訴孩子若家長舉右手孩子就向左跳，若舉左手孩子就向右跳。而當孩子能力提升時，則可改變左右跳的定義。藉由跳躍動作，以提升孩子的反應速度與敏捷度。

◎單手接球：準備一顆網球，訓練孩子單手丟球著地之後並單手接起，除了可以訓練其反應能力之外，也可以增加視動協調能力。

為何孩子容易喊累？

——教出好耐力、愛運動的孩子

過去的父母擔心孩子吃不好、長不大；現代父母反而擔心孩子會因爲吃太好、長太好，衍伸出肥胖等營養過剩的問題。肥胖問題往往會產生許多生理層面的病症、日後罹患慢性疾病的機率較高；也擔心會因爲外表問題受同儕嘲笑、排擠，甚至引發心理層面及情緒問題。此外，現代孩子缺乏跑跳活動機會，往往以平板電腦或電視節目充當保母，除了導致孩子缺少眞實生活經驗之外，也使孩子體力變差，一跑步就氣喘吁吁，一變天就感冒生病。有鑑於此，兒童體適能觀念的建立就相當重要，因爲強健的體魄才是開發孩童潛能的基礎。

兒童體適能包含健康體適能與運動體適能。健康體適能包含身體組成、肌肉適能、心肺適能與柔軟度。身體組成意即體脂肪與肌肉含量之比例，若體內體脂肪過高即有肥胖風險存在，此外也可以重高指數作爲兒童身體組成之依據（注）。肌肉適能是指孩子的肌力與肌耐力有多少，許多孩子握筆剪紙沒力氣，走路跑步就喊腳痠，多數就是肌肉適能較不足的，而在許多低張力的孩子身上也可發現其核心肌群是無力的，因此常會有姿勢控制不良的現象。心肺適能則是指孩子的心肺功能狀態，常見許多孩子稍微爬個樓梯就氣喘如牛、汗流浹背，或是稍微玩個追逐遊戲就臉色發白，心跳加劇，通常這些都是心肺適能較差的結果。柔軟度則是指身體軟組織能被伸展的長度，許多孩子跑跳之後容易有肌肉拉傷現象，或有些孩子因長期姿勢不良，導致身體許多組織結構排列異常，這些都有可能是柔軟度不足的表現。

而運動體適能則涵蓋更廣的範圍，包括協調能力、敏捷度、反應能力、平衡控制等。這些能力的具備，有助孩子發展進階的體能活動與學習技能。例如良好的協調能力，除了可以增進其體能表現外，也可以反映在靜態書寫操作能力上；又或是敏捷度佳的孩童，除了身手矯健之外，在課堂上反應能力也較出色。

體適能差的孩子有哪些情形？

你的孩子體適能差嗎？不妨勾選以下的家庭版檢核表（兒童體適能）：

孩子表現	家長檢核
1.較不喜歡動態活動（如鬼抓人遊戲、攀爬遊戲等），只喜歡坐著玩靜態遊戲（如畫圖、拼圖等）？	
2.稍微快走、爬樓梯或是玩追逐遊戲等就氣喘吁吁、心跳加速或是抱怨腳痠？	
3.天氣一變化，就容易生病感冒？	
4.體型過胖或過瘦（請參考附表「重高指數」）？	
5.姿勢不良，常常彎腰駝背？	
6.肌肉緊繃。如蹲下去時腳跟會離地、膝蓋伸直時手摸不到地面？	
7.容易有肌肉拉傷或是韌帶扭傷等問題？	

簡易有趣的運動，提升孩子的肌肉適能、柔軟度及應變能力

幼兒體適能主要是透過趣味遊戲，讓孩子在遊戲中認識自己的肢體、學會身體的運用，並從中建立自信心。父母應於平日生活中盡可能捨棄3C產品，讓孩童接觸真實世界，落實孩童的體能培養，例如鼓勵孩子每日慢跑或是游泳至少三十分鐘，安排一週一次的爬山活動，或是在家中進行跳繩、彈跳床等活動等，都是有效促進體適能的方法。藉由這些有氧活動來提升孩子的心肺耐力，增加免疫抵抗力，也可以增加各感官知覺的整合能力與肢體間的協調穩定性，使孩子在動作技能上更加成熟，提升其良好的身體形象感覺。

大腦小百科

現代腦科學證實，在運動過程中，能增進腦部激素多巴胺和正腎上腺素的釋放；而多巴胺與正腎上腺素與專注力的調節相關，因此透過運動，有利於孩子專注力的集中。而運動過程中，腦部血清素的分泌，也會讓孩子情緒更穩定，思緒更清晰。因此家長也可以在家中透過一些簡易有趣的運動，來提升孩子的肌肉適能、柔軟度及應變能力等，使孩子身強體健、學習事半功倍。

兒童發展專家的腦科學育兒法
培養孩子強健的體魄，你可以這樣做

培養孩子強健的體魄是相當重要的，以下教你不同年齡孩子的一些小撇步——幫助孩子能輕鬆提升體適能的大腦活動訓練法。

❶ 一到三歲的大腦訓練遊戲

◎小飛機運動：若孩子較小，可以抱著孩子，讓孩子臉朝下，雙腳夾在家長腰部，家長自孩子腰部支撐，配合兒歌〈造飛機〉，鼓勵孩子抬高頭與身體，加強背部肌力。

◎摸摸腳腳：可讓孩子做仰臥起坐的動作，增加腹部肌肉的肌力。對於較小的孩子或能力尚未成熟的孩子，可在家長協助之下，給予手臂些許支撐力，鼓勵孩子手手摸腳腳，孩子若可以在屈膝姿勢下讓雙側肩胛骨離地即可；也可在頭部下方加枕頭，使孩子可以雙手抱胸姿勢或手臂打直方式將身體抬離床面。注意在活動中切勿以頭部用力方式來啓

摸摸腳腳

動此運動，以免造成肩頸損傷。

◎火車過山洞：可讓孩子平躺，雙腳屈膝腳踩床，接著腹部、背部以及雙側下肢用力，使臀部抬離床面，此時可搭配兒歌〈火車快飛〉，由家長拿孩子喜歡的玩具（例如小熊娃娃），告訴孩子娃娃要過山洞了，請孩子盡量將臀部撐高、撐久一些。此運動可加強核心肌群及下肢肌力，以改善身體的姿勢控制能力。

❷四到六歲的大腦訓練遊戲

◎誰的球球丟得遠（準）：此運動與小飛機訓練目的相同，均是增加背部肌力的遊戲。活動時請孩子俯臥於床上，將雙側手臂向前伸貼緊耳朵並各抓一小球，鼓勵孩子將上身抬離床面，告訴孩子抬高後倒數十秒要將小球發射出去，接著請孩子用力將小球向前丟出，以強化孩子上肢的肌力；此運動也可改爲將小球丟進目標處（如盒子裡或圈圈裡等），以同時訓練孩子的視動協調能力。此動作主要爲鍛鍊背部小肌群，以避免駝背或姿勢不良的情形出現。

◎我是大頭兵：可使孩子以匍匐方式前行，或是請孩子以匍匐前進姿勢鑽過桌子、椅子下方。此運動可訓練腹

誰的球球丟得遠

火車過山洞

肌肌力、上肢及下肢承重能力，以及肢體之間的協調靈活能力。

◎小鴨子與小青蛙：可使孩子模仿小鴨子在地上蹲著前行、或是模仿小青蛙蹲跳前行，此運動有助於提升孩子的下肢肌力及肌爆發力。

❸七歲以上的大腦訓練遊戲

◎球類遊戲：可與孩子玩球類遊戲，以增加孩子的肢體協調及視動協調與反應能力。例如與孩子玩丟接球的遊戲，若孩子能力尚未成熟，可用氣球來進行近距離的拋接；反之，隨著孩子能力提升，除了球的重量與拋接距離的增加之外，也可進階至以單手拋接，增加活動難度。

◎折返跑與八字跑：若孩子年齡較大，動作控制漸趨成熟，也可給予孩子定點目標物以進行折返跑與八字跑。此運動除了可以增加其肌肉控制與本體控制能力之外，也可加強其身體敏捷度與反應能力。

我是大頭兵

小鴨子與小青蛙

◎伸展體適能：也可讓孩子練習肢體的伸展動作，如坐姿體前彎，在膝蓋伸直時將身體前彎，並配合吐氣，以伸展大腿後肌群；或是雙腳對掌盤坐，配合吐氣緩緩將膝關節下壓，直到大腿內側有緊繃的感覺；或大腿前側肌群的伸展，伸展時，宜將腳跟往臀部方向拉進，直到感覺大腿前側緊繃，每個動作重複五到十次，一次停留三十秒左右，應於運動前及運動後徹底執行，除可以使其肌肉彈性較好，更可以減少運動傷害的發生。

伸展體適能（1）

伸展體適能（2）

伸展體適能

重高指數	體重狀況
<0.80	瘦弱
0.80-0.89	過輕
0.90-1.09	正常
1.10-1.19	過重
≧1.20	過胖

年齡（足歲）	重高常數	
	男	女
3	0.150	0.142
4	0.154	0.149
5	0.161	0.155
6	0.169	0.165
7	0.177	0.171
8	0.188	0.183
9	0.200	0.192
10	0.212	0.210
11	0.225	0.232
12	0.248	0.250
13	0.270	0.277
14	0.294	0.286
15	0.309	0.286
16	0.325	0.297
17	0.333	0.299
18	0.342	0.308
19	0.351	0.314

注：重高指數＝體重（公斤）÷身高（公分）÷重高常數（參考左表）

資料來源爲教育部體適能網站：http://www.fitness.org.tw/direct05.php

身體不愛動的孩子——教出孩子的平衡與協調能力

孩子常跌倒，不耐走，走沒十分鐘就需要大人抱，或是一雙鞋才剛買沒多久，鞋底就已經磨損甚至歪斜，或是總覺得孩子走路怪怪的，不是外八、就是內八等。如果你的孩子有這些狀況，千萬不要輕忽，以爲孩子長大就會好，多半這種問題是來自足部結構異常所致。

人體的足部就好比穩固房子的地基，是影響房子結構的重要因素。許多孩子常見的骨科問題，例如脊椎側彎、駝背或步態異常等，往往都來自於足部結構異常所致，因爲生物力學的作用，不良的足部結構，會使人體自動代償因而連帶影響上身軀幹核心的控制。而足弓的形成主要有三部分，一爲骨骼排列是否正常，二爲韌帶支撐力是否足夠，三爲足部肌群肌力是否恰當。許多孩子往往因爲韌帶過鬆，加上肌力缺乏，因而造成扁平足。因此這類孩子容易呈現有低足弓，下肢肌耐力不足現象，或呈現內八步態，甚至有些孩子平衡控制也較差，當遇到稍微不平整的地面或較濕滑的路面，極易有跌倒的意外發生。許多家長往往會只注意孩子的步態異於常人，或發現孩子常跌倒，卻疏忽了源頭足弓發展的狀況。

須注意的是，孩童時期因代謝能力較好，組織修復速度較快，因此即便有足弓異常情形，也不容易有衍伸的肌肉骨骼問題出現，如此就更容易被家長輕忽，因而延宕治療處理。

常見的動作發展問題

你的孩子有大動作協調問題嗎？不妨勾選以下的家庭版檢核表（平衡協調）：

孩子表現	家長檢核
1.孩子耐力差，大量的時間要人家抱或坐推車？	
2.經常跌倒，平衡感不好？	
3.走路內外八，提醒過後，不良姿勢一下子又回來？	
4.走路或跑步像木頭人，經常同手同腳？	
5.到了四歲多，腳的足弓都還沒有開始發展？	
6.已經上小學了，跑步的肌耐力還是很差？	

孩子有足弓問題時會出現的症狀

・站著時，感覺有脊椎側彎現象。（例如有高低肩、身體呈S型或C型）

・脫鞋子時，足部內緣幾乎貼近地面。

・孩子在單腳站或單腳跳時較困難。

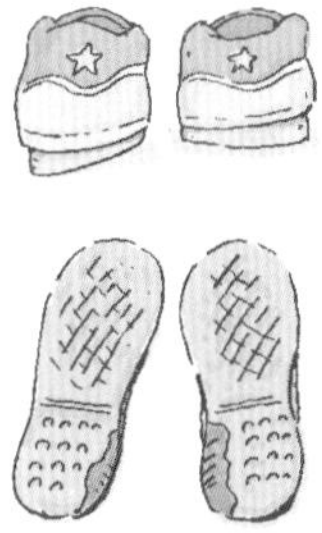

鞋子磨損

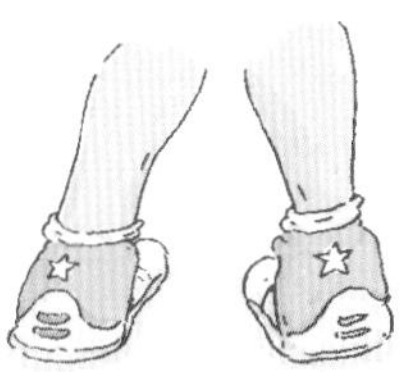

內八

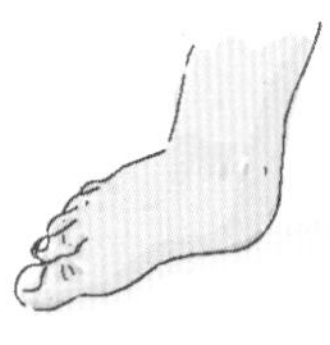

足部內緣貼近地面

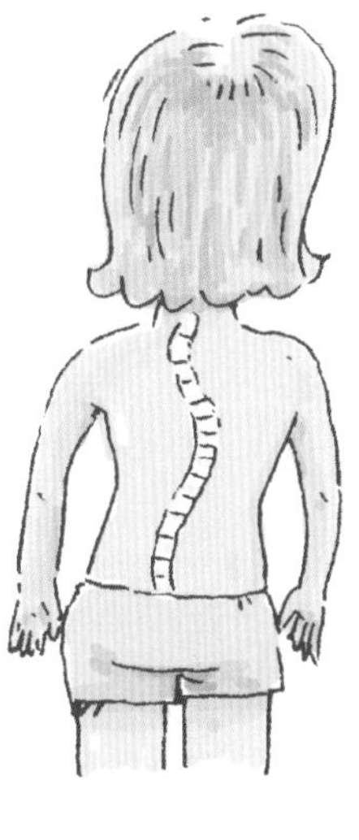

脊椎側彎

簡易居家足部運動，改善孩子的足弓成長問題

兒童的發展，從足下開始。父母應了解孩子的正確發展里程，不要揠苗助長。例如讓五、六個月大的嬰兒提早使用學步車，來強迫孩子練習站立，不只讓孩子無法獲得足夠的感覺刺激，也會使其足弓結構因過早承重而變形；然而並非所有的扁平足都需要立即馬上處理。一般而言，足弓在三歲之前是未發展完成的，此時會觀察到孩童的腳弓較平，足部內緣甚至會貼至地面，此時若沒有異常狀況（例如跟骨外翻嚴重），通常只須觀察追蹤即可；而自三到六歲階段，則屬足弓發展時期，此時足弓應已形成，孩童的平衡能力、肌力和肌耐力應已達常模標準，此時若發現孩子的足弓偏低，或有明顯的下肢結構異常，應請教專業人員積極處理。

一般而言，足弓於九歲之後已近定型，日後可再形成的機會較低，但若透過適合的運動與輔具介入，有些孩子還是有機會可自行發展出足弓的。而在鞋子選擇部分，學步期的孩子，則以舒適、防滑的鞋爲主，而若環境安全許可，也鼓勵讓孩子赤足在家中或沙地行走，如此不只可促進其足底感覺，也可強化足部的小肌肉；面對大一點的孩子，若已發現可能有足弓異常時，則建議以穩定度高、甚至具有支撐性的鞋子爲考量。此外，爸爸媽媽也可藉由一些簡單的活動，訓練孩童的足部下肢小肌肉，加強孩童足弓穩定度，簡易居家運動搭配矯正鞋墊使用，往往會有不錯的治療效果。

兒童發展專家的腦科學育兒法

發展孩子的協調平衡感，你可以這樣做

正常的足部結構對於孩子的動作發展是相當重要的，以下教你不同年齡孩子的一些小撇步——幫助孩子建立穩定地基的大腦活動訓練法。

❶ 一到三歲的大腦訓練遊戲

◎我是彈跳高手：若家中有彈跳床，則可讓孩子直接上彈跳床作訓練。若無，則可讓孩子練習在地上雙腳跳躍，例如向前跳、向上跳、或是向下跳等，在訓練過程中可加上定點目標物（如在地上貼貼紙等記號），以提升孩子的遊戲動機，並訓練小腿及足部肌群。

◎腳尖踮高高：可訓練孩子踮腳尖站立，例如拿高處的物品或玩冰箱上的磁鐵等，但須注意若孩子平時行走已有踮腳尖之異常步態出現，在執行此運動前，最好先詢問專業人員。

我是彈跳高手

腳尖踮高高

◎**靈活小腳丫：** 可讓孩子在坐姿下以腳趾抓握小積木、小彈珠或是拆接組合好的雪花片等，以訓練足底小肌群運動。此運動對於足弓的穩定與形成尤爲有益。

❷四到六歲的大腦訓練遊戲

◎**一直線走：** 可在家中地板貼直線（寬約十公分即可），或讓孩子到公園的花台上練習行走一直線，藉由加強其平衡能力以減少跌倒的機會發生及改善步態異常現象。

◎**金雞獨立與套圈：** 可讓孩子練習單腳站立運動，或是一腳單腳站、另一腳以腳趾抓握小物體，同時進行平衡與肌力訓練。也可讓孩子練習一側單腳站，另一側未負重的腳板則勾圈圈套入套環。

◎**單腳跳格子：** 可讓孩子練習單腳跳躍動作（原地或向前皆可），以加強下肢之肌力部分，若孩子能力尙未成熟，也可讓孩子一腳踩球，一腳做出跳躍動作，以降低遊戲難度。

靈活小腳丫

金雞獨立與套圈

單腳跳格子

❸七歲以上的大腦訓練遊戲

◎撕報紙：可讓孩子在坐姿下以雙腳腳趾用力方式，將報紙撕扯開來，再將撕開的報紙揉成一團，以訓練足底小肌肉運動。

◎小腿伸展運動：可使孩子前弓後箭姿勢伸展小腿肌群，伸展時注意須保持伸展側的膝關節伸直、腳跟不離地，前側支撐側膝關節彎曲不超過腳尖，雙手須有支撐輔助爲佳，約持續三十秒，重複五到十次。

◎腳底伸展運動：可給予足底筋膜處輕微的按摩，或以擀麵棍或網球於腳底前後滾動，進行足底輕微伸展運動，以放鬆足底筋膜，減緩不適感。

小腿伸展

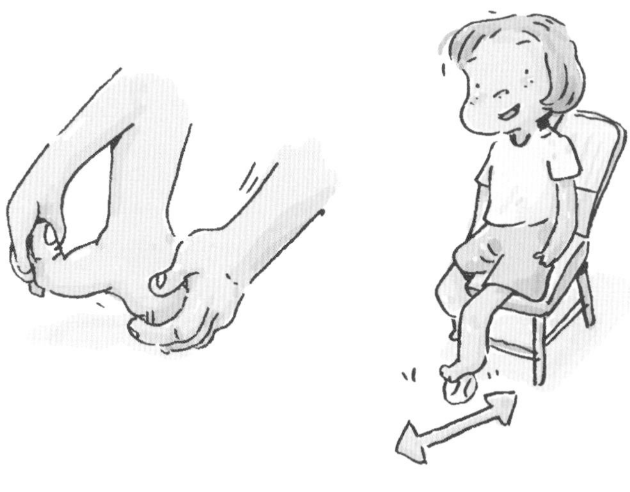

腳底伸展

CQ

PART 3

持續進步的創意智能，培養有競爭力的孩子！

教出專心、創造、協調、思考的好孩子

為何孩子的學習總是重複錯、記不住及跟不上？

——用工作記憶練出好腦力

孩子的記憶力究竟可不可以透過訓練而增強？有沒有什麼策略可以拿來幫助學習？我想是很多學齡前跟學齡孩子的爸媽，非常想知道的一個重要議題。

馬納洛等人及多位研究記憶的學者，曾經提出一致的研究結果，記憶術訓練的確可以增加短期記憶及非母語以外的困難學習能力。其中，近十年來有大量的科學研究發現，與孩子智力與學習效率最爲相關的「工作記憶」（一種暫存於大腦並在大腦內進行複雜判斷的記憶力），其記憶容量也可以受到一些後天訓練的影響。瑞典的研究人員發現，在訓練工作記憶時，大腦的生理會產生驚人反應，很多腦造影的研究也發現，當孩子要解決問題或理解正在閱讀的內容時，大腦需要很多複雜的記憶區域一起做工，根據這些研究及我多年的臨床經驗，我認爲在孩子的成長過程，要實施智力的訓練，其實最重要的關鍵在兒童工作記憶的開發。

那孩子在學習成長的過程，有哪些是倚賴工作記憶呢？（一）語言的學習或音樂相關的學習能力；（二）執行老師家長所給予比較困難或複雜的指令；（三）利用視覺記憶然後指認圖卡的能力；（四）一邊聽講並同時抄筆記的能力；（五）看完一篇文章後複誦的能力；（六）學習新字或新詞的能力；（七）看完文章後寫出心得的能力；（八）算數的能力。其實太多重要的學習歷程與工作記憶議題相關，家長必須盡早了解。

另外，教育心理學家胡頓與多斯的研究指出，孩子的數學成績與工作記憶強不強，有很密切的關係。數學能力不足多半都是因爲工作記憶容量不足，或者需要更多的工作記憶的資源，工作記憶容量不足結果會造成數學運算很慢，常會讓小學生連很簡單的計算也產生錯誤，回家訂正時自己卻渾然不知。較抽象的數學概念即使孩子都已經學過，也會因爲數學難度增高，但工作記憶運作能力不足，而造成學習成效降低或數學學習動機逐漸低落。

隨著孩子的年齡向下觀察，有些三歲左右的孩子，爸媽經常向我反應孩子需要一而再、再而三的告誡遵守教養規則，總是不能聽一次就做好大人的要求，我認爲這除了跟我們先前談的專注力與先天的氣質有關外，工作記憶的能力也大大影響著這群發展中的孩子。因爲孩子越大，爸媽總認爲孩子越來越懂事了，下的教條也越來越複雜，可是某些孩子在聽到爸媽的指令時，大腦需要四個很重要的處理步驟：接收爸媽的口語要求→儲存這些命令→運作整合→執行被交付的動作，其中第二及第三個步驟處理上的缺失，會讓孩子無法接受父母親太複雜或強烈的言語教導。畢竟爸媽在看到孩子重複犯錯，不守規矩時總是會「好好地唸一頓」，這些要求排山倒海而來時，與孩子的大腦工作記憶能力短兵相接，如果是能力好的孩子，可以很快勝任並處理爸媽的要求，工作記憶能力比較弱的孩子，就會手忙腳亂，覺得很煩，修正出來的還是丟三落四，永遠不能讓爸媽滿意。

如果我們進到幼稚園的教學現場，有一群五歲以上孩子在學習的過程中，不管是用聽的或是用看的，總是跟不上團體的腳步，聽了老師的解說，動作還是慢吞吞，有時不知道該做什麼才好，已經在團體生活中一兩年了，可是在團體中的表現仍然被老師覺得注意力很分散，經常是幼稚園裡的游離份子，這類孩子往往在一些發展評測中，被發現認知學習都沒有問題，但大腦儲存學習的工作記憶能力卻大大有問題。

大腦小百科

工作記憶是指，當我們需要解決問題，或理解我們正在閱讀的內容時，一個大腦類緩衝暫存的動作。瑞典克林博等人的研究證實，工作記憶認知訓練，可以增進大腦功能，我從二〇〇九年到二〇一三年，利用大量工作記憶訓練，也發現孩子的學習效能提升。

常見的兒童工作記憶問題

你的孩子的學習能力有問題嗎？不妨勾選以下的家庭版檢核表（工作記憶力）：

孩子表現	家長檢核
1.只能一個口令一個動作，無法聽到或看到多個指令，執行多個動作？	
2.對語言的複誦或音樂的學習，經常感覺特別困難？	
3.要透過視覺指認出剛剛看過的圖卡或物品，有時會有困難？	
4.剛剛才學過的東西，非常容易忘，或總是排斥需要記憶的學習？	
5.無法透過眼睛看，把黑板上的資料記住，然後再抄寫下來？	
6.大聲朗讀過後的故事或課文，有時不一定記得自己唸過什麼？	
7.學齡期的心算或數學能力較弱，需要大量的工具或方法輔助？	

兒童發展專家的腦科學育兒法

提升學習效率，你可以這樣做

❶一到三歲的大腦訓練遊戲

◎超級腦內音樂：家長在家利用簡單兒歌，如「我有一隻小毛驢，我從來也……」一方面讓孩子學唱，一方面讓孩子學哼節奏。透過三到六個月的練習，開始在歌曲的一半中斷，讓孩子學接唱兒歌，也同時訓練孩子只哼節奏，透過進階的遊戲訓練，可以逐漸哼出前奏讓孩子猜歌，唱後孩子會馬上反應〈小毛驢〉，兩到三歲的孩子甚至可以將熟習的兒歌轉成歌詞唸出來，這些音樂及唸詞活動，將有效把左右大腦的訊息整合，刺激孩子的大腦記憶庫。

◎請你跟我猜一猜：利用三個紙杯，分別擺入玩具小車子、小球及玩具小熊，讓孩子看到後蓋起來，一開始問孩子小車子在哪裡？透過一到兩星期的訓練，開始問孩子不同的杯子裡面分別是什麼動物？若是兩歲以上的孩子，可開始簡單旋轉

請你跟我猜一猜

杯子，讓物品的位置交換，再問問看孩子，請問你最喜歡的小車子在哪裡？這類視覺記憶的遊戲，同時可以有效增加孩子的耐心及專注。

◎奇妙動物叫一叫：讓孩子學習狗狗怎麼叫？貓咪怎麼叫？公雞怎麼叫？等待孩子都可以很穩定地直接反應說出來，爸媽可以開始隨機叫出兩種動物的聲音，問孩子聽到了哪兩種動物的聲音？再更進階的大腦訓練，可以問孩子，有兩種動物起床叫了叫，請問剛剛還有什麼聲音是沒有聽到的啊？利用這一類有趣及簡單的日常遊戲，刺激孩子的聽覺記憶力。

❷四到六歲的大腦訓練遊戲

◎超級老師說：請孩子聽完「老師說，把右手放在左邊的肩膀！把左手放在右邊的膝蓋！閉起你的兩隻眼睛！」然後讓孩子開始動作，一開始不要給孩子任何暗示，等孩子做不出來時，稍微提醒一下孩子眼睛要怎樣？透過這些複雜的指令訓練，增加孩子聽動的記憶力，同時也改善很多孩子處理不好父母教養指令的現象。

◎大腦影子遊戲：跟孩子說，從現在開始你是我的影子，影子要跟主人一樣的動作喔！當父母變換動作時，孩子要

超級老師說

立即模仿，家長的動作可以複雜並連續，一次做三個以上的動作也可以，要求孩子的反應要越來越快，大腦記憶的能力就會越來越快。

◎最快的郵差：準備不同顏色的幾顆塑膠小球，請孩子當聰明的小郵差！爸媽開始說：「郵差先生，請你運送三個紅色的球給爸爸，五個黃色的球給弟弟，兩個綠色的球給妹妹，一個藍色的球給媽媽！不要送錯唷！」這類練習有效刺激孩子複雜學習認知能力，並能讓孩子大腦的記憶有效運作。

❸七歲以上的大腦訓練遊戲

◎大腦算一算：聰明的小小數學家，你現在有一個任務需要幫忙解決，你有85元，要買一個6元的巧克力，請問剩下多少錢呢？每多買一條巧克力，都剩下多少呢？可以唸出來嗎？請孩子利用心算，不將算式說出，分別講出79、73、67、61、55、49、43、37……當孩子是中年級以上，遊戲中要避免孩子說出79減73等於……這些數字儲存並運算的過程，就是工作記憶訓練的過程。

◎動動腦音樂家：利用雙手拍不同節奏給孩子聽，如連拍2下－1下－3下－2下－1下，孩子聽完後請立即模仿。如果孩子都可以順利過關，家長可以延長每一拍中間停留的時間（如間隔1秒以上），整段拍完後，再請孩子模仿拍同樣的節奏一次。工作記憶力訓練的要點，有很大一部分是在討論孩子有沒有與聽覺學習相關的良好記憶力，這種能力良好的孩子，通常可以專注聽講及戰勝越來越複雜的課業。

◎乾坤大挪移：先請孩子坐好並跟你面對面，下一個指令請孩子注意聽：1是三角形；2是正方形；3是長方形；4是圓形，我講出以下的數字如2 1 3 4 2 3，你就講這些數字代表的形狀，正確回答爲：正方形、三角形、長方形、圓形、正方形、長方形。這個遊戲也可以視覺化，變成紙上親子活動，讓孩子看完以上題目，並動手畫出幾何圖形。

□	2
△	1
▯	3
○	4
□	2
▯	3

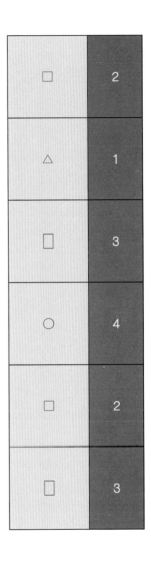

為何孩子總是左耳進右耳出？

——教出孩子的專注力與聽覺學習力

聽知覺能力與語言發展大有關係

人的各種感覺當中，與音樂最有關係的就是聽覺。聽覺在胎兒時期就已經開始發展，嬰兒一出生就聽得到聲音，所以新生兒的聽力篩檢，結果只能說聽覺正常，但聲音從哪裡來、這個聲音代表什麼、能分辨出不同的聲音以及哪個聲音才是我要聽的，這些都是需要大腦再去學習消化處理的，這種「聽」的能力就稱爲「聽知覺」。聽知覺的發展從一出生就開始，在出生後的前幾年就已經發展得相當成熟了，那麼到底什麼是聽知覺呢？簡單來說，聽知覺能力包括聽覺注意力、聽覺處理速度、聽覺區辨力、聽覺記憶力……所以好的聽知覺能力與我們的語言發展息息相關，甚至影響到音樂的欣賞以及創作。

「你到底要我講幾次才聽得見？」「你耳朵沒帶出來嗎？」「你聽到了沒有？」這幾句話身爲媽媽的你看了應該心有戚戚焉，雖然每個媽媽可能都說過這樣的話，但並不是所有的孩子都有聽知覺方面的問題。有些孩子因爲專注在某件事情上，而會忽略其他外界訊息，有些孩子可能是故意忽略，因爲媽媽交代的是他不想做的事，不過也有些孩子的確是因爲「聽知覺障礙」，雖然百分比仍不清楚，但男生發生的比例是女生的兩倍。至於如何判別孩子是否有聽知覺方面的問題呢？這就需要家長注意孩子的一些行爲特徵了。

聽知覺學習障礙的特徵

典型聽知覺障礙（又稱爲聽覺處理異常）的孩子多半擁有正常的聽力和智力的，但由於聽知覺障礙，他們可能會出現下列問題：

- 無法正確定位出聲音的來源。
- 無法指出聲音的特質（包括強度、持續多久、音調、音色）。
- 無法將聲音和符號連結在一起（例如聽到「ㄅ」的音，但不知道是「ㄅ」）。
- 若無視覺提示，則無法覆誦。
- 當聲音改變了，就無法識別。
- 無法辨別相同或不同的聲音。
- 在環境中無法區辨出特定的聲音。
- 已學過的音樂若利用不同的多媒體播放，就無法識別。
- 整合聽覺與其它感覺訊息有困難（例如咬蘋果那個「喀滋」的聲音會讓人想到蘋果脆脆的，牙齒也會有酸酸的感覺等）。
- 聽歌時無法聽出其中的歌詞。

常見的兒童聽知覺學習問題

你的孩子有聽知覺的問題嗎？不妨勾選以下的家庭版檢核表（聽知覺學習）：

孩子表現	家長檢核
1. 無法專心聽，且聽過的事情也常記不住？	
2. 無法遵循多個步驟的指令？	
3. 聽人說話很難集中注意力？	
4. 需要較長的時間處理聽到的訊息？	
5. 學業成就較低？	
6. 容易有行為問題？	
7. 有語言困難（例如一二三四聲搞不清楚、相似音易搞混）？	
8. 在聽說讀寫上都會出現困難？	
9. 常常說「嗯！」「什麼？」，或常要求別人再說一次？	
10. 上課時容易發呆，參與團體有困難？	
11. 因為上述的限制，孩子也容易會有些情緒行為問題，例如害怕失敗、退縮、欠缺自信心？	

兒童發展專家的腦科學育兒法

教出聽覺專注力，你可以這樣做

既然聽知覺的能力對於孩子的課業學習、藝術發展、人際社交都有深遠的影響，從小培養孩子聽知覺的發展變顯得相當重要。因此接下來將提供給你的是不同年齡孩子聽知覺能力的大腦活動訓練基本原則，爸爸媽媽可以自由變化發揮喔！

❶一到三歲的大腦訓練遊戲

◎聽聽看這是什麼聲音：讓孩子認識日常生活中的各種聲音，例如動物的聲音（小狗的叫聲）、車子的聲音（捷運關門的警示音、垃圾車的聲音等）、開門的聲音、電話的聲音等。孩子認識了之後，可以進一步讓孩子去模仿聲音，例如小狗怎麼叫？小狗「汪汪」叫；救護車是什麼聲音等。喜歡動手做玩具的爸媽，也可以利用許多空瓶子，分別裝入豆子、硬幣、水或小石頭等，讓孩子猜猜看裡面裝的是什麼，增加遊戲的趣味唷！

◎歌曲接唱：從小便讓孩子聆聽大量的歌曲，可以是兒歌、英文歌、閩南語歌、甚至是你喜歡的流行歌曲，讓大腦保留這些語音的區辨能力，這樣也可以促進孩子語言的發展。不要只是放歌曲給孩子聽就好了，爸媽也應該在平時唱給孩子聽，經常聽、經常唱的歌就可以來玩歌曲接唱了，爸媽先讓孩子練習接唱歌詞的最後一個字，例如媽媽唱「一閃一閃亮晶……」鼓勵孩子接著唱出「晶」，等孩子接唱一個字很熟練了，再逐漸讓孩子接唱更多的字。這樣孩子自然也就會認真去聽CD中歌曲的歌詞，甚至爸媽沒唱過的，孩子也可以唱出來。

◎聲音在哪裡：如同躲貓貓般，爸媽可以躲起來，輕輕發出聲音讓孩子沿著聲源找到你，也可以利用手機、電話或其他會發出聲響的物品，讓孩子沿著聲響找到該物品的正確位置。

◎辨別大小聲、高低音：教導孩子大小聲和高低音的概念，除了利用多媒體設備或可調音量的音樂類玩具教導外，爸媽也可以和孩子玩敲敲打打的遊戲，例如用力敲會很大聲，小力敲會小小聲（甚至用手勢動作加深孩子印象），湯匙敲鍋蓋時的聲音會尖銳刺耳（爸媽也可以將耳朵摀起來，裝出很不舒服的表情），湯匙敲沙發聲音會較低沉，瓶子裡面裝硬幣搖起來聲音較高，瓶子裡裝沙子搖起來聲音較低，利用這樣的方式學習，孩子會覺得更有趣。

❷四到六歲的大腦訓練遊戲

◎聲音的關連性：跟孩子玩與聲音有關的聯想遊戲。例如說到「下雨」會想到什麼聲音？下雨「滴滴答答」的聲音、開雨傘「咻」的聲音、濺起水花「嘩」的聲音……和孩子比比誰講得比較多唷！

◎請你跟我這樣唱：唱孩子已經熟悉的歌，但是唱的時候可以變化高低調、大小聲甚至是快慢，要求孩子照著你的方式唱，孩子也可以自己出考題考考家長喔！

◎這是什麼歌：哼出平常孩子聽過的歌，考考孩子是否知道是什麼歌，越快答出來才越厲害。

◎請你跟我這樣打（一）：利用拍手或敲打物品的方式，家長隨便拍出一小段很簡單的節奏（速度有快有慢），請孩子模仿，家長刻意不要讓孩子看到敲打的過程會更好，同樣的，孩子也可以自己出考題考考親愛的爸媽哦！

❸七歲以上的大腦訓練遊戲

◎請你跟我這樣打（二）：家長甚至可以一手拿木棍一手拿湯匙，隨便打出一小段很簡單的節奏（速度有快有慢），敲打時還會有高低音的變化，請孩子模仿，家長刻意不要讓孩子看到敲打的過程會更好，同樣的，孩子也可以自己出考題考考親愛的爸媽哦！

◎請你跟著聲音這樣做：家長可以指定一種聲音代表一種動作。例如搖鈴是摸頭，拍手是原地跳，敲湯匙是轉一圈……讓孩子在看不到家長出題的情況下，依照聽到的聲音做出指定的動作。

◎聲音找找看：家長可以在家中同時播放兩種或三種音樂，並考考孩子是否可以知道某一台播放器正在播放什麼音樂，或者是在外面吃飯時，特別是較吵雜的環境下，可以故意問問孩子，你聽得到隔壁桌的服務生正在說什麼嗎？

◎故事內容大會考：說故事給孩子聽，盡量是孩子較不熟悉的故事，家長也可以自己改編故事，說完後依照故事的內容，提出適切的問題考考孩子。

為何孩子無法專心持續地學習？
——教出孩子的視覺空間學習力

視知覺注意力，是影響孩子學習的關鍵

孩子從出生之後，就不斷從環境中接收各種感覺刺激。例如視覺、聽覺等，大腦則隨時努力篩選不需要的訊息、以及處理整合生活中所需要的資訊。而靈魂之窗「眼睛」即負責將各式各樣的視覺刺激接收下來後再傳入大腦，進行下一階段的知覺歷程，也就是解釋（處理）視覺刺激的過程，因此視覺系統與大腦間充分且良好的分工合作，能幫助個體的學習過程。

國外研究視知覺的學者華倫提出了一個視知覺的階級架構，此架構認爲從嬰幼兒到成人的發展過程中，須先藉由基本的視力、視野及眼球動作來建構視覺，再隨著個體發展結合更多認知元素，例如視覺注意力、視覺搜尋能力、圖形區辨能力、視覺記憶及視覺認知功能等。其中視覺注意力及搜尋能力對孩子的學習是非常重要的，視覺注意力是指孩子是否能持續注意在所需要的刺激上、並忽略掉干擾的刺激，接下來才能進一步發展搜尋技巧，也就是能有效地用視覺快速找出需要的訊息之能力。

許多研究證實，注意力是影響孩子學習的重要因子。倘若孩子有注意力不足的情形，必定會影響其他

認知能力的發展如記憶力等，包含大腦視覺空間智能在內的創意智能也會因此而受限。

常見的視覺注意力問題

你的孩子有視覺注意力問題嗎？不妨勾選以下的家庭版檢核表（視覺專注力）：

孩子表現	家長檢核
1.時常抱怨眼睛痠或疲勞？	
2.總是逃避需要眼睛注視的活動？	
3.很容易被環境中五顏六色的視覺刺激干擾而分心？	
4.無法持續且專注地凝視物體？	
5.無法在凌亂的背景中找到想要的物品？	
6.在閱讀或書寫時容易跳行或跳字？	

學齡前的孩子，較少被大人發現有視覺注意力的問題。最常見的是孩子本身有肌肉張力偏低的情況，因此除了動態活動的耐力不足，眼球周圍的六條小肌肉也無法讓眼睛做有效且長時間的注視或搜尋，導致孩子容易出現眼睛疲勞、揉眼睛等現象。

學齡期的孩子，在兒童發展里程碑中恰巧正進行更多繪畫、運筆、閱讀等活動，也正好需要孩子更能忽略不重要的刺激干擾，來專注地進行活動，所以這也是老師最容易發現孩子的視覺注意力問題的原因，好在大腦的可塑性極高，只要家長能持續不間斷的陪伴孩子進行訓練遊戲，絕對能改善孩子的注意力及視覺搜尋技巧，協助孩子做更有效的學習。

如何培養孩子良好的視覺注意力？

唯有具備良好注意力的孩子，才能讓學習事半功倍，所以家長應將孩子的注意力視爲學前的前驅必備能力。那怎樣才能培養孩子的注意力呢？

．**從小鼓勵孩子一次玩一種玩具**：一到兩歲孩子的注意力原本就較短暫，因此容易玩具玩了一下子就不想玩，再去拿另一個玩具，家長若未進行協助，孩子便無法在單一視覺刺激下有專注的行爲。此時最好的做法是家長利用原本的玩具來示範不同的玩法，吸引孩子繼續玩玩具。

．**及早開始、持續訓練**：孩子應具備的視覺注意力隨著年齡增長而增加，因此爸媽應趁早開始培養孩子的視覺注意力，以作爲日後的學習基礎。另外有研究指出，持續三週以上的訓練活動能有效提升孩子的視覺搜尋技巧，所以爸媽請從今天開始，把以下提到的小活動當作每日的親子遊戲吧！如此不僅能培養親子感情，更能有效開發孩子的潛能喔！

．**用口語提示來幫助孩子專注地搜尋**：研究指出聽覺的回饋能提升孩子的視覺注意力，所以家長在指導孩子時別忘了用些小提示來幫助孩子更專注，例如「從上往下、從左到右地看」、或者「在左下方還有答案喔！」等，除了能協助孩子提高注意力，還能提醒孩子進行較有組織的搜尋方法。

．**親子共讀**：近幾年國內大力宣導的親子共讀，除了能增進孩子的語言能力、提升親子間感情，對於視覺注意力也有很大的幫助。因爲在親子共讀的過程中，經由大人的口語及肢體引導，孩子逐漸能快速找到相對應的圖像或文字，隨著共讀時間的增加，孩子的視覺注意力與視覺搜尋等技巧也隨之改善。

兒童發展專家的腦科學育兒法
教孩子視覺學習更專注，你可以這樣做

以下教你不同年齡孩子的一些促進視覺注意力小撇步——幫助視覺注意力的大腦活動訓練。

❶ 一到三歲的大腦訓練遊戲

◎尋寶遊戲（一）： 這階段的孩子多已認識家中常見物品，爸媽可請寶貝擔任小幫手，在家裡找一找爸媽需要的東西！例如可問孩子「襪子放在哪裡？」「冰箱在哪邊？」，待孩子年齡增長則可改變問句：「垃圾要丟在哪裡？」「紅色的包包在哪裡？」「裝積木的桶子在哪裡？」等。

◎襪子找找： 爸媽可利用收衣服時間來訓練孩子的視覺注意力！這個時期的孩子開始學習顏色等抽象概念，因此將孩子的小襪子散放在地上，爸媽可先挑出一隻襪子來教導孩子認識顏色或圖案，再請孩子從地上找出一樣的襪子。也可加入爸媽的大襪子來提高困難度。

◎跟我數一數： 數東西的活動，不僅能提升視覺注意力，也是這個年齡層的孩子應當發展出來的認知功能！爸媽們在家中隨時可利用身邊垂手可得的積木、球、珠珠等物品來教導孩子點數。針對年紀較小的孩子，大人可握著孩子的手一起點著玩具並用嘴巴說1、2、3；針對兩歲以上的孩子，爸媽可鼓勵孩子數一數三個以內的玩具，若孩子能完成3以下的點數遊戲，再逐漸增加玩具的數量、提升孩子的視覺注意力。

❷四到六歲的大腦訓練遊戲

◎拍氣球接龍：利用孩子最喜愛的氣球來訓練注意力！爸媽可從1開始、與孩子輪流喊出數字並將氣球拍向上方，例如爸爸說1並拍一下氣球，接著換媽媽喊出2並往上拍氣球，再換孩子喊3並拍氣球，以此方式進行下去。年紀較小的孩子可用體積大、降落速度慢的氣球開始，再逐漸縮小氣球，或者改變氣球造型來增加困難度。

◎尋寶遊戲（一）：準備兩個不透明塑膠杯及一個目標物（小型玩具／小球／硬幣均可），在孩子的注視下將目標物用杯子倒扣蓋住，隨後兩個杯子交替移動位置數次後，再請孩子指出目標物藏在哪個杯子內。年紀較小的孩子進行此遊戲時，可將杯子的交替移動位置次數減爲兩到三次或降低移動速度，待孩子較熟悉遊戲後，再逐漸增加移動次數與速度。若孩子的能力較好，可將杯子增加爲三個來提升困難度。

◎數字連連看：家長可利用坊間的連連看或自己在紙上寫出1～30／1～50／1～100等的數字，讓孩子練習從1按照數字順序連到最後。若孩子的視覺注意力較短暫，可由大人陪同並引導孩子用眼睛搜尋數字，或者與孩子輪流找數字，來鼓勵孩子延長注意力時間。

❸七歲以上的大腦訓練遊戲

◎桌遊拍拍：準備一副撲克牌，將所有的牌平均發給參加人員，牌面向下並拿在手中，每人輪流翻出一張牌放在中央，若翻出的牌符合規定，就須立刻伸出手去拍那張牌，動作最慢的人就得拿回下面所有的撲克牌，最先將手中的撲克牌清光的人即可獲勝。低年級的孩子可先從一到兩個指定數字開始練習（例如翻到紅心4及黑桃10就要拍），中年級以上的孩子可增加規則的複雜度，如翻到3的倍數就要拍、翻到2及5的倍數就拍等等。

◎拼字高手： 家長可準備一張印有二十六個英文字母的紙、紅、藍筆各一隻，媽媽與孩子各拿一隻筆後輪流出題，舉CAT的題目來說，媽媽與孩子必須比賽看誰先找到C、A、T三個英文字母並圈出來可得一分，最後看誰得分最多即可獲勝。

◎尋寶遊戲（二）： 坊間有許多類似的遊戲書，大人可與孩子計時競賽看誰先找出目標物（例如一隻狗、一隻鸚鵡、一隻貓等）。計時之目的除了分出勝負外，爸媽可經由一次次的遊戲來觀察孩子所花費的秒數是否減少，以作爲視覺注意力的進步及增加活動困難度的指標。

尋寶遊戲

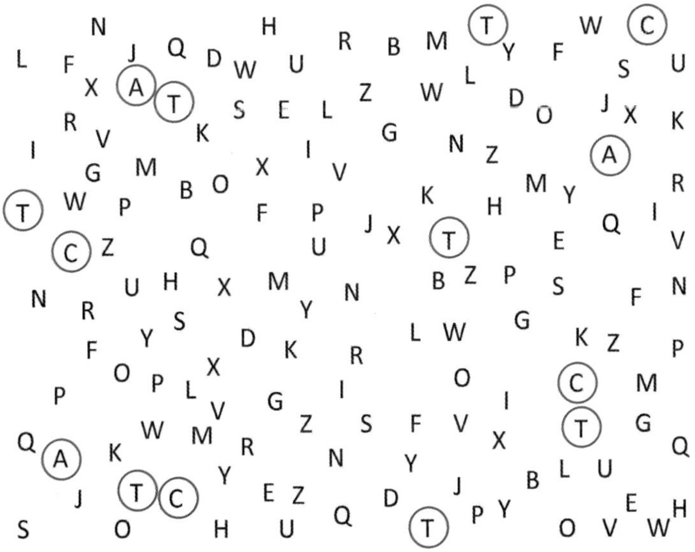

拼字高手

積木和拼圖一點都不好玩?!
——教出孩子的空間概念與操作能力

空間概念與學習

孩子的遊戲活動都離不開所身處的空間，因此人從小就必須具備良好的空間感，才能有效處理日常生活中每個動作。舉例來說，嬰兒出生後為了生存，必須能精確地找到媽媽身上乳頭的正確位置；在學習爬行、行走等動作時，孩子要能估算自己與家具的距離才不至於撞到桌子；拿筆塗鴉時，也要能分辨紙張的位置，才不會畫出紙張外面。由此可知，任何需要動作的活動都牽涉到空間概念，而從出生後到學齡階段的腦部發展都需要建構在不斷的動作經驗累積，所以空間概念可謂是腦部成長的基礎能力之一。

新生兒時期便開始學習感覺自己所處的空間，以及感覺刺激和自己的空間對應關係，此即主觀空間概念開始發展。隨著年齡增長，幼兒在爬行或走路的移動過程中，逐漸察覺外在空間與物體並不會跟著自己移動，此時客觀空間概念開始萌發。一般來說，孩子是以自身的主觀角度開始去觀察外在空間，透過動作發展與經驗的累積，慢慢認識從其他人或物體的角度，並了解不同的空間關係，這就是主觀空間概念到客觀空間概念的發展。

當幼兒有能力移動身體去探索環境時，立體空間概念便逐漸形成，例如從較小的書房爬到比較大的客廳讓孩子認識空間大／小；把椅子下面的玩具撿起來放到桌上，讓孩子學習上面／下面；從罐子裡把玩具倒出來，即代表內／外概念等。相較於立體空間，孩子亦需要建立平面空間概念，來幫助他們進行著色、運筆、畫畫、閱讀等活動，舉例來說，幼兒進行塗鴉時必須了解紙張或格子的大小範圍，才能順利在範圍內塗鴉而不超出外面；學習寫字時孩子能判斷筆畫之間的相對位置，才不會把「上」寫成「下」。

心智旋轉（Mental Rotation）是指人在腦海中將物體的空間關係做旋轉的一種能力，此種高階的空間推理能力常被用在一些性向測驗或智力測驗當中，根據昆恩及摩爾等人的研究指出，四到五個月大的嬰兒即可辨識出經旋轉過後的相同刺激物（如人臉圖片），且男嬰的辨識能力較女嬰爲佳。另有研究發現心智旋轉與學習障礙之間存有相關連性。由以上得知，個體自出生後便開始建立關於空間的各種概念，並以此做基礎來進一步發展高階的認知功能，因此，從小提供孩子豐富的環境探索與動作經驗，對大腦來說非常需要的養分。

常見的孩子空間概念問題

你的孩子有空間概念方面的問題嗎？不妨勾選以下的家庭版檢核表（空間概念）：

孩子表現	家長檢核
1.孩子小時候很少主動爬行去探索環境？	
2.孩子不太會把瓶中的玩具倒出來？	
3.孩子不曾將積木疊砌出一些物品，如車子或房子？	
4.孩子很少玩拼圖？	
5.孩子分不清上面／下面／左邊／右邊？	
6.孩子在塗鴉時，總是或超出紙外或線外？	
7.孩子無法模仿畫出簡單形狀如□△╳？	
8.孩子花很久的時間才學會寫數字、注音符號、國字？	
9.孩子老是搞不清楚筆畫的順序與方向？	

許多幼兒自小被家人過度保護，缺乏在各種環境中爬行、行走、玩耍的能力，以致對於空間的距離、方向、高低等概念非常薄弱。小小孩常見的問題爲無法將玩具或物品放在指定位置、無法判斷安全距離以致時常跌倒或撞倒東西、不敢上下階梯等，導致孩子害怕獨自行動、時常黏在大人身邊，如此往往使情況更加惡化。

三歲的孩子開始學習更多的抽象概念，如大小、形狀、簡單數量等，而抽象概念學習須仰賴大量的具體操作經驗，假使孩子在三歲前並未建立應有的空間概念基礎，就無法順利連結後面的形狀、大小、數量等較複雜的概念，在學習時速度慢、效果差，大人指導時更容易有挫折感，影響親子間的感情。

臨床上有另一群孩子到了幼稚園階段，很容易被老師發現在運筆或書寫時明顯較同儕吃力、圖形或筆畫總是會超出格子外面、部件拆開後可模仿寫出但在結合後就無法判斷相對位置，評估時亦常觀察到這群孩子從小很少玩或不愛玩建構遊戲或玩具（積木、拼圖），家長也就順從孩子意思而未加引導，長時間缺乏空間概念訓練的結果，就是學齡期的運筆書寫能力較同儕弱，甚至上小學後還會出現閱讀困難、空間方位判斷差而容易迷路等情形。

如何培養孩子擁有良好的空間概念？

唯有具備良好空間概念的孩子，才能建立更高階的大腦功能。那麼怎樣才能培養孩子的空間概念呢？

· **鼓勵孩子探索環境：**空間概念，是從孩子主觀的經驗開始建立，因此從嬰兒時期就可經由仰躺、側躺、趴姿、翻身、坐姿等各種方式，來幫助孩子培養對空間的覺知。接下來當孩子能爬行時，家長應去除家中危險物品，打造安全乾淨的環境，讓孩子盡情地四處爬行，唯有如此，孩子才能透過主觀的觀察經驗來了解在上面／在下面／穿過去／前面／後面等位置與方位概念。

· **多使用方向詞彙與孩子溝通：**即使孩子尚無口語能力，大人還是必須多多利用含有空間涵義的詞彙跟孩子溝通，例如「媽媽在廁所裡面」「把水倒進水壺裡面」「書放在桌子上面」，帶孩子出去時可向孩子說明：「我們要坐電梯上四樓」「車子開進隧道裡面」「貓咪鑽到車子下面」等。

．**先從孩子的角度來教導空間概念：**孩子對空間的概念，需從主觀角度開始學習。兩到三歲的孩子能理解前／後；五到六歲的孩子知道自己的左／右邊。因此大人在教導例如前／後／左／右等概念時，切記須以孩子自己的方位開始說明，才不會讓孩子產生混淆現象。

．**從立體再進入平面空間概念：**建立空間概念須從立體物品或玩具的操作開始，而平面空間中判斷方位的座標與立體空間又有不同，所以孩子須先學習三度空間內實際物體的前後左右裡外等概念，待概念穩定之後，再來學習平面空間的對應關係，便能更快適應。

兒童發展專家的腦科學育兒法

促進孩子的空間智能，你可以這樣做

以下介紹不同年齡孩子的一些促進空間概念小撇步——幫助空間概念的超級強化大腦活動訓練。

❶ 一到三歲的大腦訓練遊戲

◎過山洞：利用紙箱、桌子或大人使用的椅子當作山洞，讓孩子盡情玩，爬進去再爬出來及穿過去的動作遊戲。也可使用收納箱、大臉盆等物體讓孩子玩跨進去、跨出來、坐在裡面／外面的肢體遊戲。

過山洞

◎藏在哪裡：帶領孩子將數個玩具分別藏在家中不同的地點，例如餐桌上面、椅子下面、抽屜裡面、沙發旁邊等等，全部藏好之後，問孩子還記得玩具藏在哪裡嗎？請孩子一樣樣找出來。若孩子想不起來，大人可提示他們「是在沙發的哪裡呢？」或「在什麼東西的裡面呢？」。初級玩法，可減少玩具數量、選擇大一點的玩具；高階玩法，可增加玩具數量或選擇小型不易發現的玩具。

◎貼貼紙：準備直徑約1.5公分的貼紙及邊長3公分的正方形格子紙，教導孩子將貼紙撕下來後貼在格子中。初級玩法，可將格子再放大至4公分或5公分，讓孩子較容易貼在格子之中，高階玩法，可選擇直徑小於1公分的小貼紙，或者將格子縮小至2公分來增加困難度。

❷四到六歲的大腦訓練遊戲

◎小小建築師（平面）：準備一盒可組合的積木，跟孩子一起當建築師吧！家長可先搭建一個物體，再請孩子模仿蓋出同樣的物體，家長與孩子可輪流出題考驗對方。

◎學我來畫畫：準備一些印有圖形的範本，讓孩子看著範本畫出同樣的圖形。剛開始可讓孩子從基本線條開始仿畫，例如○＋〈〉×等，待孩子較熟練之後，可逐漸增加圖形難度，例如□△◇，更厲

學我來畫畫

小小建築師

貼貼紙

害的還可以仿畫♀♂#等複雜圖形。

◎拼圖高手：準備印有孩子喜愛圖案的拼圖。家長可先陪同孩子觀察拼圖中有哪些物品、何種顏色等特性，再倒出拼圖進行組裝。剛開始可從片數較少（十片以內）、圖案簡單、顏色明顯清楚的拼圖練習，隨著孩子的進步，再逐漸增加拼圖的片數，圖案可選擇較複雜、顏色相似度高的拼圖。

❸七歲以上的大腦訓練遊戲

◎聰明七巧板：讓孩子利用七塊木板組合出各種物體。若孩子從未玩過七巧板，大人可選擇顏色不同的七巧板，教導孩子先用任兩塊木板組合起來，觀察所形成的圖形，之後再慢慢練習組合範本中較複雜的圖案。

◎建築大師（立體）：準備一盒可組合的積木，跟孩子一起當建築師吧！家長可先搭建一個3D物體，再請孩子模仿蓋出同樣的物體，家長與孩子可輪流出題考驗對方。若孩子對立體空間的觀察仍不熟悉，家長可先讓孩子將範本拿起來觀察結構，也可讓孩子注視大人的搭建過程，再練習自己仿蓋一次。

拼圖高手

聰明七巧板

建築大師

◎到底有幾個：準備立方體積木數個，先請孩子眼睛閉起來，大人將積木排成立體結構（如下圖），完成後請孩子睜開眼睛，並用眼睛數一數共有多少個積木。剛開始進行此遊戲可從3×3×3的結構練習，一旦孩子熟練之後，可繼續增加結構中的行數與列數，還可限定孩子必須在多少時間內作答，以此方式來提升困難度。

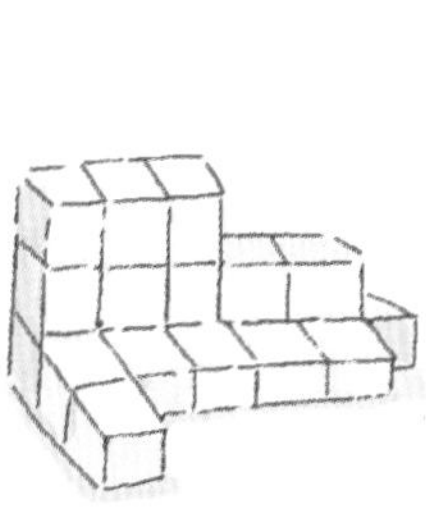

到底有幾個？

為何孩子握筆姿勢不正確、手眼不協調？

——教出孩子的塗鴉及運筆協調能力

書寫能力與學習

人類與其他靈長類在演化中最大的差異，即爲拇指的對掌能力，使得人類能精確抓握各種物體（球、瓶子等）及操作工具，而除了湯匙之外，筆也是孩子必須長期使用的工具之一，如何能讓孩子擁有良好的運筆書寫技巧，更是許多家長及老師關切的議題。

在兒童的精細動作發展過程中，一歲的孩子就會握著筆嘗試塗鴉，兩歲能畫直線橫線、畫圓圈（詳見下表），在這些看似塗鴉的活動中，孩子不斷地調整手指與筆之間的位置、書寫力量等，才能逐漸發展出適齡的握筆姿勢（詳見下頁表格）。因此要能充分操作筆這樣一個工具，良好的手部功能發展是必要的基礎能力。

書寫的表現與握筆姿勢息息相關。學者班伯指出跟其他握筆姿勢相比，只有成熟的三指抓握（如1～1.5歲圖）在寫字的速度、力道及

年齡	發展項目
1歲	在紙上塗鴉
2歲	模仿畫出直線與橫線
3歲	看樣本畫出○＋
4歲	看樣本畫出□╳
5歲以上	看樣本畫出△◇

年齡	兒童握筆姿勢發展
1～1.5歲 抓握時期	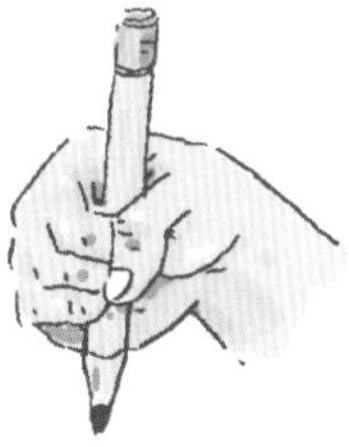
1.5～3歲 塗鴉期	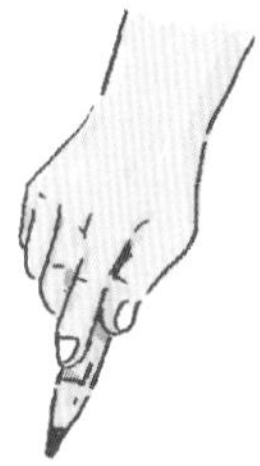
3～5歲 運筆前期	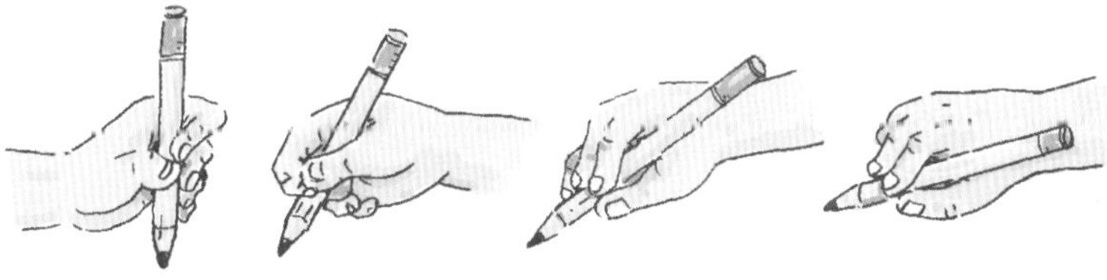
5歲以上 運筆學習期	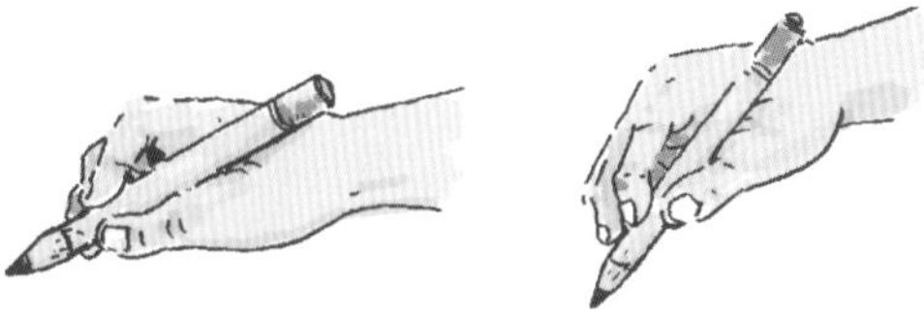

平順度的表現最優，孩子較不易手痠、書寫遇到轉彎處較不須停頓、書寫速度較快。從發展的角度來看，三歲左右的孩子不論是手指力量、協調性與靈活度、空間概念等能力都已準備好拿筆寫字，在握筆姿勢尚未固定前，家長可爲孩子選擇梨型握筆器，以提供較大的支持面積及撐開虎口，如此能幫助孩子用正確握筆姿勢學習運筆活動，避免長期使用錯誤的握姿、提供錯誤的感覺回饋進而養成習慣。至於坊間各式的握筆器由於形狀差異大，未必符合每位孩子的手部功能與發展，若家長發現孩子的握筆姿勢仍未改善，仍須尋求專業人員的諮詢。

運筆寫字，是一個需要不斷教導與動作回饋學習的能力。在學習寫字的第一階段，孩子須大量仰賴各種感覺回饋（視覺、觸覺、身體知覺等）來學習寫字，同時還要透過大腦來記下外界給予的教導，反覆記憶後才能寫出文字，此時的書寫錯誤較多；第二階段孩子開始統整各種訊息，同時也因爲動作流暢度增加，書寫較順且錯誤減少；第三階段的孩子書寫以變成幾乎自動化、不太需要感覺回饋的動作，因此效率最好。每個孩子對上述複雜書寫過程的學習速度不盡相同，所以盡早開始訓練或矯正孩子的運筆能力，才能幫助孩子更有效率的學習。

常見的兒童書寫問題

你的孩子有書寫問題嗎？不妨勾選以下的家庭版檢核表（書寫姿勢）：

孩子表現	家長檢核
1.很晚才開始拿筆？	
2.尚未固定用同一隻手拿筆寫字？	
3.不喜歡拿筆寫字或畫畫？	
4.寫字很容易手痠？	
5.寫字時總是看不到筆尖？	
6.握筆很吃力？	
7.握筆姿勢不正確，但很難改正？	
8.運筆時力道過輕／過重？	
9.字跡容易扭曲無法辨識？	

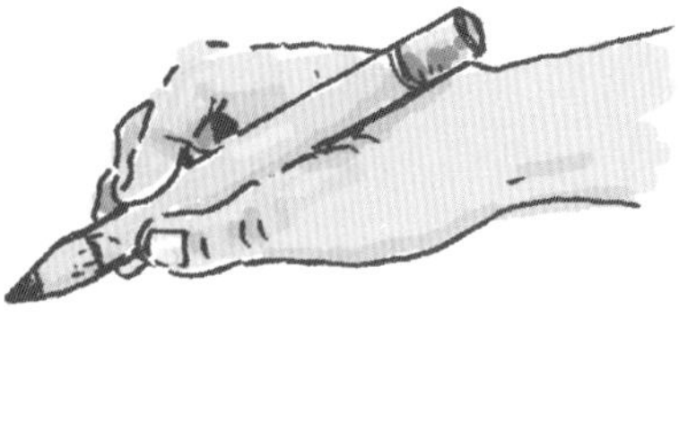

很多大人基於安全考量、或擔心孩子太早拿筆寫字會對手部發展有不良影響，乾脆禁止孩子拿筆塗鴉，上了小學才發現孩子的錯誤握筆姿勢、寫字吃力、速度慢等諸多問題，常見的兒童書寫問題如下：

· **錯誤的握筆姿勢**：大約五歲的孩子就能用如右圖的三指抓握姿勢握筆，並用手指運筆而不須整隻手臂或手腕的動作。而這樣的三指抓握姿勢需要足夠的手部兩側分化能力、手指靈活度、近端穩定度等才能完成，倘若孩子的手部發展較慢、缺乏手部操作經驗，就必須用其他不正確的握姿來幫助孩子運筆，假使大人未加制止，孩子就一直按照自己喜歡又舒服的錯誤姿勢來寫字，一旦習慣了錯誤握姿，此時再來糾正的效果必定更差。

· 力道過大／過小：許多感覺調節能力不佳的孩子無法依據手指所提供的觸覺、身體知覺來調整手指的力量大小，使得寫字時會過大力讓筆心折斷、或太小力而幾乎看不到字跡。

· 手腕穩定度不佳、無法用手指運筆：年紀較小的孩子會傾向用整隻手臂帶動著筆來著色，也有孩子到了幼稚園大班或小一時，仍用整隻手臂移動方式來寫字，如此一來孩子會更費力、容易累、書寫品質下降等。

如何培養孩子良好的運筆書寫能力？

既然書寫技巧是需要大量練習的技能，家長應從孩子三歲之後培養基礎運筆能力。該如何培養孩子的書寫能力呢？

· 鼓勵孩子塗鴉：塗鴉是孩子成長過程中很重要的發展活動，透過大量的塗鴉經驗除了能豐富孩子的視覺刺激、提升對顏色等美感的覺知力，更可培養手部抓握技巧與力量，爲書寫技巧奠定扎實的基礎。因此大人可利用全開的壁報紙、報紙、布等材料，選擇蠟筆、蠟磚、彩色筆、水彩筆、毛筆等不同工具，讓孩子在地上、牆壁等不同位置塗鴉，既能增進手腕的控制與力量（詳見下一章〈爲何孩子雙手不靈巧，不喜歡做勞作？〉一章），也能促進孩子的學習動機。

· 及早教導正確握筆姿勢：三歲之後的孩子手部功能發展已有一定基礎，若孩子不排斥，可利用梨型握筆器撐開虎口，讓孩子使用正確的姿勢來塗鴉或著色，藉此累積正確的感覺回饋到大腦，大腦才能學習辨識正確的握筆姿勢，並開始控制手指動作做出正確的書寫動作。假使孩子較晚才開始練習拿筆或用錯誤姿勢握筆而未被糾正，在缺乏練習機會和錯誤的感覺回饋下，大腦自然就會以不正確的神經傳導路徑來控制運筆的動作，此時仍舊可透過訓練活動來矯正握筆姿勢，但改善的幅度與成效也會跟著大打折扣。

‧陪同孩子練習仿畫／仿寫：如同159頁表格所顯示的，三歲之後的孩子能開始仿畫最簡單的圓形，因此家長不如拿起筆來，和孩子一起比賽看誰畫的太陽比較圓，透過類似的趣味遊戲方式來激勵孩子練習仿畫活動。而到了四、五歲的年紀，基本形狀可能已無法滿足此階段孩子的學習欲望，大人不妨利用簡單的數字、字母、注音符號等來讓孩子練習仿寫，可從大人示範寫一次開始，再讓孩子模仿寫出同樣符號，或者用描紅方法練習描寫，待孩子的仿寫技巧較熟練後，即可挑戰簡單的國字例如「大、口、人、中」等，以積極提升孩子的書寫技巧。

兒童發展專家的腦科學育兒法

教出正確運筆姿勢，你可以這樣做

以下介紹不同年齡孩子的一些促進運筆能力小撇步——幫助書寫技能的大腦活動訓練。

❶一到三歲的大腦訓練遊戲

◎瘋狂塗鴉樂： 把兩張壁報紙合併起來，讓孩子畫個過癮吧！此年齡的孩子抓握能力尚未完全建立，因此家長可選擇直徑約1公分的粗蠟筆、粗彩色筆、蠟石、蠟磚、粗水彩筆等工具，讓孩子盡情塗鴉。如果大人能與孩子一同進行塗鴉活動，就可做爲孩子的模範，讓孩子更喜歡動手畫畫喔！

◎磁性畫板： 利用磁鐵形狀印章及磁鐵筆在畫板上印出／畫出各種圖案吧！家長可藉此教導孩子觀察形狀的特性、利用不同形狀，再延伸出許多物體，更可透過蓋印章及拿筆畫畫的動作，來增進孩子的手功能及握筆練習。

◎天才連連看： 利用孩子感興趣的物品來進行連連看，例如水果、動物、數字等，請孩子將兩個相同的物品畫線連起來。一到兩歲的孩子可先從單一物品的連連看開始練習；兩到三歲的孩子除了物品數量慢慢增加外，亦可請孩子圈起相同物品後再連起來。

❷四到六歲的大腦訓練遊戲

◎小手著色： 家長可選擇孩子有興趣的圖案，請孩子

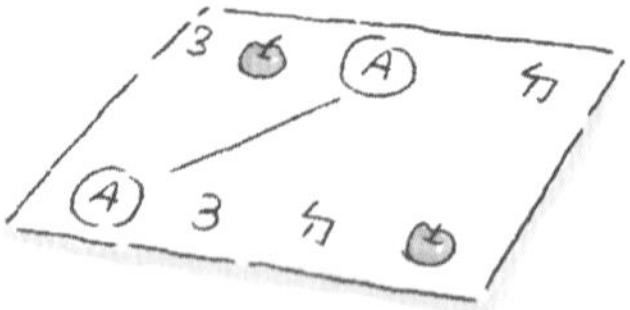

天才連連看

小手著色

磁性畫板

分別選擇不同顏色來將不同區塊塗滿，四到五歲的孩子可從簡單、面積較大的圖案開始練習；五到六歲的孩子可進階到複雜圖案、小面積（可小到1公分×1公分左右）的著色活動。

◎牆上描一描：家長可利用坊間的運筆練習冊、或把孩子喜愛的圖案自製成運筆練習紙，將圖案紙貼在牆壁上，高度約爲孩子的視線高，鼓勵孩子拿筆沿著虛線進行運筆練習。四到五歲孩子，可從簡單線條如直線、橫線、右斜線、左斜線等開始練習；五到六歲孩子，可挑戰曲線（如雲朵）、螺旋、轉折線等複雜線條。

◎甜甜圈大賽：在紙上畫出數個直徑約一公分的同心圓，請孩子拿不同顏色的筆在兩線之間用一筆畫方式畫出圓形，中途勿停頓。四到五歲孩子，可從圓型開始練習；五到六歲孩子，可進階挑戰不同形狀或更小的圖型。

❸七歲以上的大腦訓練遊戲

◎複雜迷宮：家長可利用坊間的迷宮遊戲書，讓孩子練習拿筆畫出正確路徑，過程中可提醒孩子盡量避免線條超出路徑外。

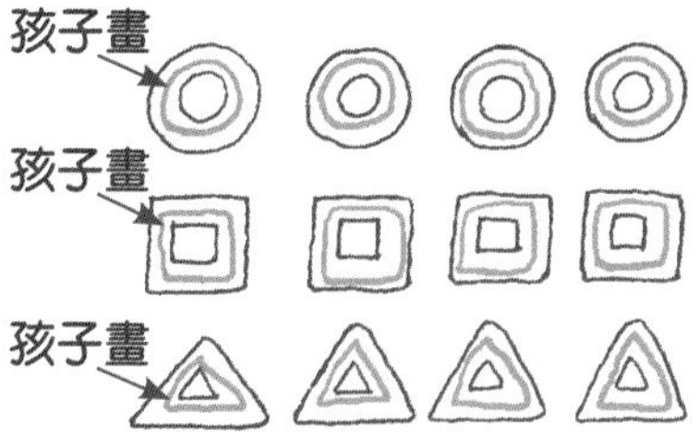

甜甜圈大賽

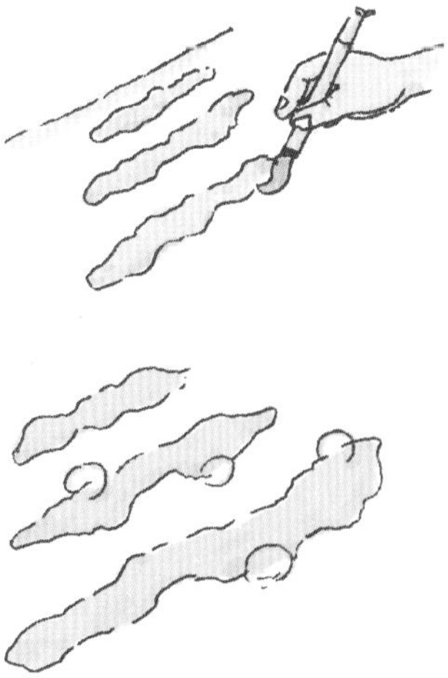
水彩毛毛蟲

◎水彩毛毛蟲：準備水彩筆、水彩和圖畫紙，請孩子用正確握筆姿勢拿水彩筆，沾上水彩後在圖畫紙上畫出橫線（毛毛蟲），再用紅筆圈出毛毛蟲過於肥胖的部位。待孩子能畫出均勻粗細的毛毛蟲後，即可挑戰曲線毛毛蟲，最高階的活動爲閉上眼睛畫出均勻的毛毛蟲。

◎睜眼閉眼畫畫看：準備一支筆與白紙，請孩子睜開眼睛畫五個一樣大的正方形，隨即閉上眼睛繼續畫同樣大小的正方形。初期練習此遊戲，可從○□△等簡單圖形開始，待孩子熟練之後可進階至數字或注音符號，最困難的高階活動爲寫國字。

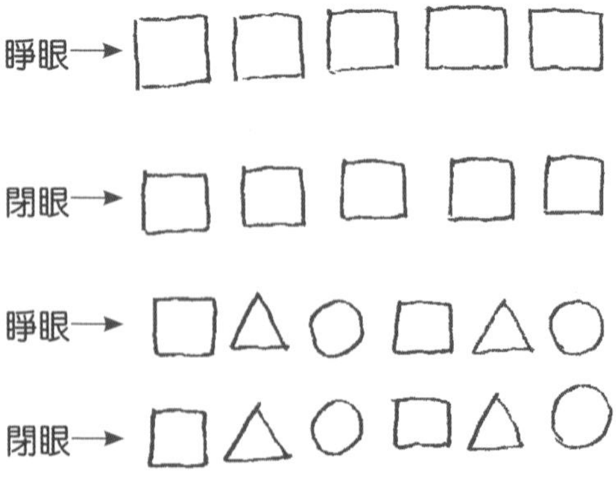

睜眼閉眼畫畫看

為何孩子雙手不靈巧、不喜歡做勞作？

——教出雙手萬能、精細協調的孩子

手功能與學習

複雜且精細的手部功能發展是人類在演化上的一大優勢能力，可別小看這兩隻手，上面所分布的感覺接受器可是僅次於臉部，遠遠超過身體、手臂與腳喔！正因爲人的雙手在日常生活中扮演非常重要的角色，因此從小培養孩子擁有靈活雙手，將來才能發揮無限潛能。

打從在懷孕時期，胎兒便開始揮舞兩手，一直到出生後，孩子仍繼續練習控制肩膀與手肘做出平順協調的動作，接下來開始用手掌去拍抓物品，再逐漸用指尖捏起小物品，甚至拿筆寫字、拿剪刀剪紙等，這些就是從胎兒時期到學齡期所進行的手部發展過程，我們可用以下簡表來觀察孩子的精細動作發展：

年齡	兒童手功能發展項目
1歲	疊一到三塊積木／插插棒 將圓形放入形狀板
2歲	仿畫直線橫線／用積木仿疊火車 用手指握蠟筆／三種形狀的形狀板
3歲	仿畫○／會用剪刀剪一小段紙 用槌子釘釘子／慣用手出現
4歲	沿著寬0.6公分的直線及圓圈剪紙／仿畫＋□ 三點握姿握筆／串起孔徑0.2公分的小珠珠
5歲	將紙對摺一半／沿著寬0.6公分的正方形剪紙 用手指把衣夾夾在紙上／仿畫╳
6歲	剪下寬0.2公分的○□△及不規則圖形／仿畫△◇ 精確成熟握姿握筆、手指運筆／在範圍內著色
7到12歲	能將字寫在格子內／用適當速度寫出可辨識的國字 能靈活操作各式工具如剪刀、螺絲起子等

常見的兒童手功能問題

你的孩子有手部功能及精細動作的問題嗎？不妨勾選以下的家庭版檢核表（精細動作）：

孩子表現	家長檢核
1.孩子常避免使用雙手進行操作活動嗎？	
2.孩子容易抱怨手痠嗎？	
3.孩子很晚才學會拿筷子嗎？	
4.孩子手指不靈活嗎？	
5.孩子握筆姿勢不正確？	
6.孩子寫作業速度很慢？	
7.孩子排斥進行美勞活動嗎？	

學齡前孩子，由於尚未接觸筆、剪刀等工具，因此很難發現其手功能的問題。等到進了幼稚園進行運筆、剪紙等活動時，老師及家長才發現孩子進行此類活動十分吃力。兒童常見的手功能問題如下：

- **肩膀與手肘的力量／穩定度不佳：**在手指進行操作活動時，需要肩膀與手肘負責提供良好的穩定度，才能使手部有效且持續地操作工具。假使肩膀與手肘的力量和穩定度不足，孩子很容易感到手痠，也會因爲手部搖晃不穩，而影響操作活動表現。
- **手腕翹起動作不成熟：**手腕的翹起與否，大大影響手指的肌肉力量與動作表現。手腕向手心方向彎曲時，會把手背的肌肉拉到最長，使得手指無法做出握拳動作，因此如要靈活使用手指，手腕必須處於向手背方向翹起的姿勢，才能讓彎曲與伸直手指的各肌肉群有效收縮。許多孩子因爲手腕翹起的力量不足或動作不成熟，以致手指無力或不靈活，所以在評估孩子手部功能時，手腕的姿勢是很關鍵的因素。

・**手指靈活度或力氣不足：**手指靈活度包含手弓與虎口穩定度、指尖抓握、橈側（拇指／食指／中指）與尺側（無名指／小指）動作分化能力等。很多孩子因爲手指靈活度不佳或力量不足，無法用拇指食指／中指來有效操作工具，於是就用四指甚至五指來代償不足的能力，如此會使得手部更容易疲累，進而影響效率及動機。

・**觸覺敏感／鈍感或區辨能力不佳：**有些孩子從小手部操作經驗不足，使得大腦無法有效調節觸覺的刺激輸入，導致對於觸覺太敏感（怕髒或特定材質的物體）、過於不敏感，或者無法有效用觸覺辨別物體的大小、材質的特性。此類型的孩子在進行手部操作活動時，必須用視覺來代償觸覺的問題，因此眼睛必須很努力地引導手部去操作工具，一旦眼睛看不到手的動作（例如手伸進口袋拿東西）就會明顯感到吃力。

如何培養孩子良好的手部功能？

從小便有機會充分使用雙手的孩子，才能發展出良好的手部功能。那該怎樣才能培養孩子的手功能呢？

・**鼓勵孩子多動手：**從寶寶吃副食品起，大人就可鼓勵他用手抓食物，隨著年紀增長而進一步練習拿湯匙、叉子、筷子等餐具使用。除了進食外，開瓶蓋、穿褲子／鞋子／衣服、轉開門把、拉拉鍊等日常生活中常見活動，家長也可鼓勵孩子多多嘗試練習，如此才能慢慢累積力量及技巧發展。

．**提供手部不同的感覺刺激：**豐富的觸覺刺激不僅有助於手部功能，更能幫助腦部發展及情緒穩定，因此爸媽可利用沙子、黏土、豆箱、手指畫等活動來滿足孩子的感覺需求，做爲手部功能發展的基礎。

．**豐富孩子的手部操作經驗：**手部功能發展須仰賴各式各樣的手部操作經驗，而學齡前的男孩手部功能發展通常較同年齡的女孩慢，因此無論孩子的性別爲何，家長都應爲孩子挑選不同種類的操作玩具，鼓勵孩子進行各種手部活動。手部操作經驗多、靈活度與發展自然會更好，日後在學習過程也就更輕鬆愉快。

兒童發展專家的腦科學育兒法

增強孩子的手功能，你可以這樣做

以下介紹不同年齡孩子的一些促進手功能小撇步——幫助手功能的大腦活動訓練。

❶ 一到三歲的大腦訓練遊戲

◎疊積木：準備木製積木、套杯或任何可疊高的物體，讓孩子練習逐一疊高。一到兩歲的孩子須使用較大型的積木，兩到三歲孩子可練習疊立方體積木或麻將等。

◎大豆箱：將大花豆放入水桶或小收納箱，孩子的手伸進桶內時，豆子的高度最好能超過手腕。大人可準備大積木、小玩偶等物體藏在豆箱中，鼓勵孩子用雙手伸進豆箱找出目標物。

◎舀水倒水遊戲：準備各種型式的湯匙、不同口徑的杯子或飲料罐，讓孩子練習用湯匙舀水後，倒入杯子或罐子裡。若孩子對湯匙操作較不熟悉，可先用杯子倒入杯子方式進行，也可利用紅豆或黃豆取代水來讓孩子進行遊戲。

❷四到六歲的大腦訓練遊戲

◎黏土畫：鼓勵孩子用黏土搓揉出各種形狀。例如四到五歲的孩子可練習用雙手搓出粗細一致的長條型，之後再繞成蝸牛殼般的漩渦；五到六歲的孩子可嘗試用黏土搓出圓型的湯圓，亦可用許多湯圓組合成葡萄串等。家長可選擇符合安全規定的醫療級黏土來延長黏土的使用壽命，更可避免因黏土乾掉而產生的碎屑清理問題。詳見天才領袖感覺統合兒童發展中心部落格介紹！

◎學習筷疊積木：鼓勵孩子用拇指／食指／中指來控制學習筷進行夾積木疊高的遊戲。四到五歲的孩子可先練習用學習筷夾豆子，五到六歲的孩子可進階至夾積木玩疊高比賽。

舀水、倒水

黏土畫

◎手掌投錢幣：準備至少五枚塑膠硬幣或乾淨的錢幣、存錢筒一個。鼓勵孩子用拇指與食指當作小鳥的嘴巴，從桌面撿起一枚硬幣並移至手掌握住，以此方式逐一將硬幣撿起，再移動到手掌中握好。接下來請孩子準備餵存錢筒吃錢幣囉！教導孩子用手指從手掌中把一枚錢幣推到拇指與食指指腹位置，再用拇指、食指將硬幣投入存錢筒中，以此方式逐一將手掌內的錢幣移動到指尖再投入存錢筒。四到五歲的孩子可用三枚以內的錢幣練習，五到六歲的孩子可增加錢幣數量到五枚或以上。

❸七歲以上的大腦訓練遊戲

◎快速摺紙：準備色紙或廣告紙數張，教導孩子用紙摺出各種物品。家長可先從簡單的盒子、飛機、船等物品讓孩子開始練習摺紙，熟練之後可進階到動物造型。

◎立體紙雕：準備雕刻刀及色紙，先讓孩子練習使用雕刻刀雕出平面式紙雕，待孩子熟練之後，可挑戰半立體或立體紙雕。

手掌投錢幣

◎繩結遊戲：先準備兩條不同顏色的繩子，教導孩子用不同顏色繩子打出單結、蝴蝶結，待孩子熟練之後，可嘗試用同色繩子打出單結及蝴蝶結。

繩結遊戲

為何孩子缺乏想像力？
——教出孩子的多元創造力及聯想力

現在的孩子可以從事的活動相當多元，要上的才藝班也相對的多。從電腦遊戲到音樂課程甚至是其他球類課程等。孩子的學習沒有捷徑，是需要從練習中獲得成就感的，但孩子的童年最重要的是從遊戲中培養出興趣，而不是練出特定的技能，當過多的「課程」占滿了孩子的時間，孩子會沒有空白時間，失去單純學習動機，此時，最重要的天賦「想像力」將會受到填鴨環境上的限制。

經常有家長問我：想像力對孩子的學習或生活能力有影響嗎？答案是肯定的。根據耶魯大學心理學教授桃樂絲．辛格在《孩子的遊戲與想像力發展》中提到，在日常生活中，主動運用想像力的孩子，較容易獲得「主導」的優勢，引導大家合作，在學校擁有較佳的人緣及成功的學校生活，這才是我們未來培養孩子的重點。

誘發孩子想像力對學習的幫助

1. 想像力幫助學齡的孩子，面對不同的情境，利用不同的角色扮演解決問題，得到不同的結果。

2.想像力讓孩子練習眞實生活中所須的技能。例如：假裝去買東西，讓孩子學會挑選、付錢等情境，這些假裝的角色扮演都需要孩子的想像力，也讓孩子更容易了解類似的生活技能如何運用在眞實的世界。

3.想像力的訓練，也會增加孩子的單字及單詞能力。聽、說一個眞實或捏造的故事，故事接龍及角色扮演都能提升孩子的記憶，並且運用新字的能力。

4.想像力幫助孩子奠定以後的創造力。充滿想像力的孩子，長大後通常可以輕易地解決困難，甚至成爲發明家或領導者等。

想像力對認知、情緒發展的幫助

隨著年紀的增長，想像力會逐漸消失在孩子所需面臨的現實生活中。但是兒童發展學家發現，想像力在孩子了解眞實世界的過程中，扮演了重要的角色。在成長過程中，想像力幫助孩子了解沒有直接經歷過的人、事、物，包括未來的事件，像是長大想做什麼；以及過去的歷史等。如同哈佛教育研究所的教授保羅．哈里斯所說：想像力，不只是單純的幻想，而是對現實的考慮。

想像力和幻想，對孩子的正面情緒引導也息息相關。學齡前的孩子，通常可以運用他們極佳的創造力想像出一個好朋友。這些被想像出來的好朋友，通常是家長和孩子的好幫手，家長可以透過扮演這個朋友，以第三人稱的角度跟孩子溝通。而孩子也可以利用這個想像的朋友抒發、宣洩自己的壓力。

你的孩子有聯想力的問題嗎？不妨勾選以下的家庭版檢核表（想像力）：

孩子表現	家長檢核
1.孩子的故事排序能力比較差？	
2.孩子比較不能從聽到的聲音或看到的圖去描述？	
3.沒有主題的操作或畫圖，孩子總是沒變化？	
4.孩子不太會玩角色扮演的遊戲？	
5.孩子學習舉一反三的能力比較差？	

兒童發展專家的腦科學育兒法

增加孩子的創造力，你可以這樣做

❶ 一到三歲的大腦訓練遊戲

◎「說」就對了：孩子對人的聲音非常好奇，不同聲音的輸入也與孩子大腦活化有關係，不同的頻率可以給予孩子不同的想像。這個時期的孩子，家長可以幫忙擴充孩子的文句，例如：孩子說「一台車車」。家長可以幫忙說：「一輛藍色的車子停在外面嗎？」透過各種不同的語句，給孩子不同的語言經驗。在孩子開始會講句子後，可以創造不同的機會跟孩子對話，釋出開放性的問題，讓孩子發揮想像力，天馬行空的回答也無所謂。

◎畫中有話：給孩子機會拿畫筆和畫紙塗鴉，不論孩子畫什麼，家長千萬要避免說出：「畫這什麼東西啊？誰看得懂？」反而應該熱情而開心地詢問孩子，你今天要畫的是什麼咧？哇～好棒噢！」並且順著孩子說出的答案，發揮想像力，和孩子一起說故事。

◎最佳演員：辦家家酒，是孩子培養想像力的好幫手。孩子拿假的水給你喝，拿他做好的假餐請你吃，都請家長先配合演出，讓孩子對情境演出及想像有參考及模仿的對象。

❷四到六歲的大腦訓練遊戲

◎角色扮演：利用角色扮演的方式，培養孩子的想像力。家長可以從孩子喜歡的玩偶或玩具開始，問孩子現在玩偶或玩具覺得怎麼樣？或是正在說什麼呢？接著可以進入人物及動物的世界，讓孩子表演不同的職業或者扮演不同的動物，家長則可以猜猜看孩子扮的是什麼。最高境界

畫中有話

最佳演員

則是物品，教孩子想像物品的特性，並且試著將其表演出來，家長可以試著引導，幫忙孩子了解物品的特色。

◎故事接龍：家長可以利用親子共讀或者說故事的時間和孩子玩點不一樣的。除了平常唸故事書之外，家長可以翻開第一頁，說出故事的起頭，然後帶領孩子開始編故事。由家長開始，一人一句或一段，讓孩子天馬行空地說，即使不合邏輯也沒有關係。孩子會用自己的方式把故事轉回他想要的結局！當孩子熟悉這個玩法後，家長可以進一步說出故事的起頭及結局，然後帶著孩子在故事中天馬行空地轉折，孩子會發揮自己的想像力，設法讓故事順利結束。另外，這個遊戲也可以搭配時間的控制喔。

◎動物管理員：其中一方先在心裡想一種動物，然後開始給大家提示。另一個人則在第一個提示後猜對方心裡想的是什麼。若答錯了，則請出題方再說一個提示。依此類推，直到猜出對方心裡想的是什麼爲止。輪流扮演出題及猜題的角色，兩種狀況的練習都可誘發孩子的想像力。

角色扮演

故事接龍

❸七歲以上的大腦訓練遊戲

◎跟我相反說一說：家長可以透過相反詞的練習，培養這個階段孩子的想像力。從簡單的晴天－雨天、開心－生氣開始，逐漸增加難度，轉爲句子或情境：「今天天氣很好，適合出去玩。」「今天天氣不好，只能待在家。」

◎真的假不了：爸媽直接說一個故事，有眞有假，如「在一個好熱好熱的夏天，小華帶著游泳圈去泡溫泉，泡完還去吃冰，快樂地頂著大太陽，騎著腳踏車回家！」由另一方猜哪個環節不對。爸媽與孩子輪流扮演兩種角色，讓孩子也有動動腦出題的機會。

◎連連看：拿出一張圖畫紙，在指定主題的情況下，一人一筆，將圖畫完成並說出其繪畫主題的人獲勝。雙方在初期皆會想辦法畫出自己想畫的物體，並且了解另一人的想法，在無法逆轉爲自己想畫的主題時，趕緊順勢完成對方的想法，以求勝利。

動物管理員

The Eurasian Publishing Group
圓神出版事業機構
用心與你對話・視野無限寬廣
方智出版社
Fine Press

http://www.booklife.com.tw
reader@mail.eurasian.com.tw

方智好讀 032

教孩子比IQ更重要的事
——兒童發展專家的21堂大腦潛能課

作　　者／王宏哲
發 行 人／簡志忠
出 版 者／方智出版社股份有限公司
地　　址／台北市南京東路四段50號6樓之1
電　　話／（02）2579-6600・2579-8800・2570-3939
傳　　真／（02）2579-0338・2577-3220・2570-3636
郵撥帳號／13633081　方智出版社股份有限公司
總 編 輯／陳秋月
主　　編／賴良珠
責任編輯／柳怡如
美術編輯／金益健
行銷企畫／吳幸芳・簡琳
專案企畫／賴真真・吳靜怡
印務統籌／林永潔
監　　印／高榮祥
校　　對／賴良珠
排　　版／莊寶鈴
經 銷 商／叩應股份有限公司
法律顧問／圓神出版事業機構法律顧問　蕭雄淋律師
印　　刷／祥峰印刷廠
2013年5月　初版
2024年5月　42刷

定價 300 元
ISBN 978-986-175-309-6

你本來就應該得到生命所必須給你的一切美好！
祕密，就是過去、現在和未來的一切解答。

——《The Secret 祕密》

國家圖書館出版品預行編目資料

教孩子比IQ更重要的事：兒童發展專家的21堂大腦潛能課 / 王宏哲著.
-- 初版. -- 臺北市：方智，2013.05
192 面；17×23公分 --（方智好讀；32）

ISBN 978-986-175-309-6（平裝）
1.育兒 2.兒童發展

428.8　　　　102004963